Frontiers in Physics 19

単一光子と量子もつれ光子

量子光学と量子光技術の基礎

枝松圭一 [著]

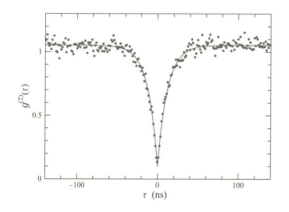

基本法則から読み解く**物理学最前線**

須藤彰三 [監修]
岡　真

19

共立出版

刊行の言葉

　近年の物理学は著しく発展しています．私たちの住む宇宙の歴史と構造の解明も進んできました．また，私たちの身近にある最先端の科学技術の多くは物理学によって基礎づけられています．このように，人類に夢を与え，社会の基盤を支えている最先端の物理学の研究内容は，高校・大学で学んだ物理の知識だけではすぐには理解できないのではないでしょうか．

　そこで本シリーズでは，大学初年度で学ぶ程度の物理の知識をもとに，基本法則から始めて，物理概念の発展を追いながら最新の研究成果を読み解きます．それぞれのテーマは研究成果が生まれる現場に立ち会って，新しい概念を創りだした最前線の研究者が丁寧に解説しています．日本語で書かれているので，初学者にも読みやすくなっています．

　はじめに，この研究で何を知りたいのかを明確に示してあります．つまり，執筆した研究者の興味，研究を行った動機，そして目的が書いてあります．そこには，発展の鍵となる新しい概念や実験技術があります．次に，基本法則から最前線の研究に至るまでの考え方の発展過程を"飛び石"のように各ステップを提示して，研究の流れがわかるようにしました．読者は，自分の学んだ基礎知識と結び付けながら研究の発展過程を追うことができます．それを基に，テーマとなっている研究内容を紹介しています．最後に，この研究がどのような人類の夢につながっていく可能性があるかをまとめています．

　私たちは，一歩一歩丁寧に概念を理解していけば，誰でも最前線の研究を理解することができると考えています．このシリーズは，大学入学から間もない学生には，「いま学んでいることがどのように発展していくのか？」という問いへの答えを示します．さらに，大学で基礎を学んだ大学院生・社会人には，「自分の興味や知識を発展して，最前線の研究テーマにおける"自然のしくみ"を理解するにはどのようにしたらよいのか？」という問いにも答えると考えます．

　物理の世界は奥が深く，また楽しいものです．読者の皆さまも本シリーズを通じてぜひ，その深遠なる世界を楽しんでください．

須藤彰三
岡　真

まえがき

　光は，私たちの暮らしに最も身近な物理現象のひとつである．私たち生物は太陽から光の恵み（エネルギー）を受けて生活しているし，私たちが外界から得る情報量の多くは，（目が不自由な方以外は）視覚すなわち光を通じて得るものである．私たちの暮らしは，光なくしてはあり得ないと言っても過言ではない．
　また，光は，科学技術の発達にとっても不可欠なものであった．望遠鏡や顕微鏡は，人類が宇宙とミクロの両極の世界を探ることを可能としてくれたし，分光器や干渉計など，光の波としての性質を利用した計測装置は科学技術のさまざまな分野で活躍している[1]．さらには，光ファイバーを用いた光通信技術の発達により，より多くの情報をより速く，より遠くまで送ることが可能となり，現在のインターネット社会が構築されるようになった．
　一方で光は，量子力学の原理に従う「量子的な」存在でもある．そこでは，光は「波（電磁波）」としての性質と「粒（光子）」としての性質を併せもつ「量子」として立ち振る舞う．このような，光の量子としての性質を積極的に用いることで，「量子コンピュータ」や「量子暗号」など，従来の古典的情報通信技術の枠を超える「量子情報通信」技術の実現を目指した研究が活発に行われている．また，計測・制御の分野においても，不確定性関係などの量子力学の原理に立脚した新しい「量子計測・量子制御」技術の発展が期待されており，そこでも光の量子としての性質が重要な役割を果たす．
　本書は，このような，光の量子的性質を利用した新しい科学技術を志す際の礎となることを目指し，光の量子「光子」が示す性質とその応用技術について基本法則から説き起こすよう心がけたものである．本書の主な読者として想定し

---

[1] 2017年ノーベル物理学賞を受賞した重力波の発見も，光の干渉を利用した重力波望遠鏡によって実現されたものである．

ているのは，量子力学と電磁気学の基礎を習得した学部学生，大学院生およびこの分野に興味をもつ研究者・技術者である．著者がこの道を志すようになった重要な契機のひとつが，恩師である池澤幹彦先生の研究室で R. Loudon 著の教科書 "The Quantum Theory of Light"（1973 年初版，現在は第 3 版，以下では Loudon 本と呼ぶ）[1] を輪講したことであった．当時は量子光学（光の量子性を扱う研究分野）について系統的，網羅的に書かれた教科書が少なかったこともあり，Loudon 本からはたいへん多くのことを学んだ．現在では量子光学に関する教科書が多数出版されているが，Loudon 本はいまでも著者にとっての規範の書のひとつとなっている．本書は，Loudon 本ほど網羅的な内容を含んではいないが，光の量子状態や光子の重要な性質について自然に独学できるよう，基礎から丁寧に説き起こすことを目指した．そのために，類書にはないであろう特徴として，初等量子力学で必ず学ぶ調和振動子の量子状態について少々深い理解まで到達したうえで，量子光学への橋渡しとすることを試みている．また，量子情報の最小単位（量子ビット）としてよく用いられる光子の偏光状態については，古典的な光の偏光状態と関連づけて理解できるよう，やや詳しい説明を加えた．そして，本書を読み進むうちに，量子情報通信などの量子光技術において重要な，「単一光子」および「量子もつれ光子」の物理とそれらの応用技術までを自然に理解できるような構成としている．量子力学や古典光学をすでに学んだ読者にとっても，光の量子的性質の物理とその応用技術に関する理解への一助となれば幸いである．

　本書の出版にあたっては，多くの方々のご協力をいただいた．本書で引用した著者の研究結果の多くは，多くの共同研究者，大学院生との共同研究から得られたものである．また，本書の執筆を勧めてくださるとともに監修者として有益なご意見をいただいた須藤彰三先生（池澤研究室での先輩でもある），遅筆な著者の原稿をたいへん辛抱強く待っていただいた共立出版の島田誠，髙橋萌子の両氏をはじめ，本書に関わっていただいたすべての方々に深く感謝したい．

2018 年 5 月　　　　　　　　　　　　　　　　　　　　　　　　　枝松圭一

目　次

第1章　光子の舞台　——光と量子の不思議な世界——　　1

第2章　電磁波としての光　　5

 2.1　マクスウェルの方程式 5
 2.2　一様な媒質中の電磁波 7
 2.3　偏光とその表現 10

第3章　調和振動子の量子力学　　19

 3.1　調和振動子のハミルトニアン 19
 3.2　調和振動子の量子化 21
 3.3　物理量の期待値とゆらぎ 26
 3.4　波動関数と確率密度 28
 3.5　古典的運動とコヒーレント状態 36
 3.6　2次元調和振動子 41

第4章　光の量子化　　45

 4.1　電磁場の量子化 45

- 4.2 真空状態と光子数状態 48
- 4.3 コヒーレント状態 50
- 4.4 純粋状態と混合状態，密度演算子 52
- 4.5 熱放射 56
- 4.6 光の伝搬モードと量子化 58
- 4.7 多モードの量子状態 62
- 4.8 偏光の量子状態 63

第5章　光の干渉と相関　69

- 5.1 干渉光学系 69
- 5.2 1次の干渉 —電場の干渉— 74
- 5.3 2次の干渉 —強度の干渉— 82

第6章　単一光子の発生　95

- 6.1 単一光子と強度相関 95
- 6.2 単一の量子系を用いた単一光子発生 96
- 6.3 単一光子の干渉 —粒子性と波動性— 102

第7章　光子対の発生　111

- 7.1 カスケード光放出 111
- 7.2 パラメトリック下方変換 112
- 7.3 Hong-Ou-Mandel の2光子強度干渉 116
- 7.4 光子対による量子干渉 —光子のド・ブロイ波長の測定— 118
- 7.5 光子対と単一光子（伝令付き光子） 120

第 8 章　量子もつれ光子　　　　　　　　　　　　　**123**

   8.1　量子もつれの基礎 123
   8.2　量子もつれ光子対の発生 127
   8.3　量子もつれの観測 135
   8.4　量子もつれの評価 137
   8.5　ベル状態測定と量子テレポーテーション 139

参考文献　　　　　　　　　　　　　　　　　　　　　**145**
索　　引　　　　　　　　　　　　　　　　　　　　　**153**

第1章 光子の舞台
—光と量子の不思議な世界—

　本書では，光を一種の粒子として見なした「光子」を取り扱う．しかし，光が粒子であるのか，波であるのかについては，歴史的に長い論争があった．ニュートン (I. Newton) らは，光が物体に与える圧力の存在から光の粒子説を主張したが，ホイヘンス (C. Huygens)，フレネル (A. J. Fresnel) らは，光の示す干渉や回折などの現象から，光の波動説を主張した．19世紀初頭にヤング (T. Young) が行った二重スリットの実験すなわち**ヤングの干渉**実験は，光の波動説を実証したものとして特に有名である．その後，マクスウェル (J. C. Maxwell) の電磁理論により，光は電磁場の波動，すなわち**電磁波**であるという形で決着がついたかに見えた．しかしながら，20世紀初頭までには，アインシュタイン (A. Einstein) が理論的に研究した**光電効果**，コンプトン (A. H. Compton) が発見した**コンプトン効果**，プランク (M. Planck) によって発見された**プランクの放射法則**など，光の粒子性を支持する新たな実験事実が次々と明らかになり，ついには光が粒子性と波動性の両面をもった存在，すなわち**量子性**をもった存在であると認識されるに至った．このような，光の示す粒子性と波動性の二重性の発見は，ハイゼンベルク (W. Heisenberg) とシュレディンガー (E. Schrödinger) らによる**量子力学**の確立へとつながるのである．

　このように，現在では光は粒子性と波動性の二重性をもった存在として認識されている．しかしながら，光子が粒子であるという立場からヤングの干渉実験を眺めると，本来1つであったはずの光子が2つのスリットを同時に通らなければならないというパラドックスを生じることになってしまう．朝永振一郎は，エッセイ「光子の裁判—ある日の夢—」[2] において，ヤングの二重スリットのパラドックスを，光子自身が被告となる裁判を舞台にしてわかりやすく描いてみせた．このエッセイは，量子が示す不思議さとその重要性を指摘するも

のとして，近年，その価値が再認識されている [3]．上述したように，20世紀初頭までには光の粒子性および波動性に関するさまざまな実験結果が知られており，朝永はそれをもとに「光子の裁判」のストーリーを立てた．しかし，本書で述べるように，我々が目に見える光（可視光）の領域において光子が単一で存在する状態を確固たる実験事実として確認できたのは，「光子の裁判」が書かれたよりもずっと後になってからのことである．そして最近では，古典的な「波動」の概念では捉えることのできないさまざまな種類の光（非古典光）を作り出すことが可能となっている．その例のひとつが，光子が1個ずつ放出される**単一光子**状態や，光子が対となって放出される**光子対**状態，複数の光子が量子的相関をもつ**量子もつれ**などである．これらの非古典的な光の状態を用いると，古典的には理解することのできない回折，干渉効果を引き起こすことができ，量子力学の基本的原理に関する格好の研究舞台となっている．また，光子の**偏光**は，量子力学における2準位系として振る舞い，**量子情報通信**[1)]における情報の単位である**量子ビット**（キュービット）として頻繁に用いられている．本書で主に取り扱うのは，光が示すこのような物理状態である．

　古典的な幾何光学（光の波動性を無視し，幾何学的光線として扱う）や波動光学（光を電磁波として扱う）に対し，光を量子的存在として取り扱う物理学の一分野を**量子光学**と呼ぶ．粒子性および波動性という光の量子的性質の二面性に対応して，量子光学における光の取り扱い方にも大きく分けて2つの流儀がある．ひとつは，光を光子の集団として捉え，個々の光子の状態およびその集団の統計的性質について考える離散量子光学と呼ばれる流儀，もうひとつは，光を量子力学の原理に従う波動として捉え，電場，磁場，あるいは電磁ポテンシャルの振幅（直交位相振幅）やそのゆらぎを扱う連続量量子光学と呼ばれる流儀である．もちろん，これらは相反するものではなく，光の量子的性質がもつ二面性と同様に互いに相補的な関係にある．要は同じことを2つの違う視点から眺めているのである．本書では，主として個々の光子の性質を扱うことから，必然的に離散量子光学の立場で記述する場面が多くなるが，光の量子論の導入部（第2章，第3章）では，離散量および連続量両面からの記述を行い，光

[1)] 量子コンピュータや量子暗号など，量子力学の原理を利用した新しい情報処理や通信の技術．

の量子的性質が示す二面性に対する読者の理解が深まるように心がけた．

　以下に，本書の概要と構成を記しておく．第2章では，古典的電磁波としての光の物理的性質をマクスウェルの方程式から説き起こした後，古典的波動光学の立場から，光の偏光状態とその表現方法について議論する．ここでの議論は，光の量子論を展開する際に，古典的波動光学との対応関係を確認するために有用である．特に，古典的な**偏光**の状態を表現する数学的手法が，量子光学における光子の偏光状態の表現方法とまったく同形であることに驚かれるかもしれない．第3章では，光の量子論に至る前準備として，量子力学における**調和振動子**（単振動）の取り扱いについて詳しく述べる．特に，一般の初等的量子力学の教科書では取り扱われることの少ない，古典的振動運動に対応する量子状態である**コヒーレント状態**について述べるとともに，位相空間における波動関数および確率密度の量子力学的表現について議論する．また，光の偏光と直接関連する力学的状態として2次元調和振動子を導入し，その量子状態について議論する．このような準備によって，光の量子力学的取り扱いをより自然に学ぶことができるようになるであろう．第4章では，調和振動子を量子化した際の結果を利用して，調和振動を行う電磁場すなわち光の場の量子化を行う．まず，単一モードの光の状態を量子化した際のエネルギー固有状態としての**光子数状態**と光子の概念を導入する．続いて，光パルスなどの時間・周波数分布を伴う伝搬モードの取り扱いや，偏光などの多モードの場における量子状態の表現について述べる．第5章では，光の波動性の証左のひとつでもある**干渉**に焦点を当て，量子光学の立場から考察する．通常の波の振幅としての干渉（1次の干渉）に加え，第6章以降の内容とも密接に関連する，光の強度の相関と干渉（2次の干渉）も取り扱い，各々，古典論の場合と量子論の場合とを比較検討しながら考察を行う．第6章では，ひとつひとつの光子が時間的・空間的に離れて存在する，**単一光子**の性質とその発生方法について述べる．「光子の裁判」で取り上げられたように，単一光子は，単一の粒子のような存在でありながら2つの窓を同時に通って干渉できるという，パラドキシカルな存在である．そのような，単一の光子を用いた**量子干渉**の実験結果についても紹介する．第7章では，時間的にほぼ同時に発生する2つの光子，すなわち**光子対**の発生方法について述べた後，光子対による特異な量子干渉について紹介する．また，光

子対の一方を伝令として用いることで他方を一種の単一光子（伝令付き光子）として用いる手法について述べる．第8章では，複数の光子の間に量子的な相関，すなわち**量子もつれ**を保持させた，**量子もつれ光子**について述べる．量子もつれは量子情報通信技術において最も重要なリソースのひとつであり，量子もつれ光子は，量子もつれを保持・転送する際に最も優れた媒体である．本章では，最も重要な例として，光子の偏光に量子もつれを保持させた偏光量子もつれ光子対の種々の生成方法について紹介した後，量子もつれの観測・評価方法について解説する．また，量子もつれに関連した応用例として，偏光量子もつれの**ベル状態測定**と**量子テレポーテーション**実験について紹介する．

第2章 電磁波としての光

2.1 マクスウェルの方程式

 前述したように,光は**電磁波** (electromagnetic wave) の一種である.電磁気学で学ぶように,電磁波は,マクスウェル (J. C. Maxwell) によってまとめられた電磁場を記述する基本方程式から導くことができる.媒質中の**マクスウェルの方程式** (Maxwell's equations) は

$$\mathrm{rot}\, \boldsymbol{E} = -\dot{\boldsymbol{B}} \tag{2.1}$$

$$\mathrm{rot}\, \boldsymbol{H} = \dot{\boldsymbol{D}} + \boldsymbol{j} \tag{2.2}$$

$$\mathrm{div}\, \boldsymbol{D} = \rho \tag{2.3}$$

$$\mathrm{div}\, \boldsymbol{B} = 0 \tag{2.4}$$

と書くことができる.ここで,$\boldsymbol{E}$ は電場,$\boldsymbol{H}$ は磁場である.$\boldsymbol{D}$, $\boldsymbol{B}$ は電束密度および磁束密度で,媒質の誘電率 ϵ および透磁率 μ を用いて各々

$$\boldsymbol{D} = \epsilon \boldsymbol{E} \tag{2.5}$$

$$\boldsymbol{B} = \mu \boldsymbol{H} \tag{2.6}$$

で与えられる[1].また,$\boldsymbol{j}$ は電流密度,ρ は電荷密度であり,今後しばらく,電流も電荷も存在しない一様な媒質を考えることにすれば,

$$\boldsymbol{j} = 0 \tag{2.7}$$

---
[1] 媒質中では,一般に誘電率および透磁率は方向に依存する複素数のテンソル量となるが,ここでは一様かつ透明で等方的な媒質を考え,誘電率および透磁率を実数のスカラー量として扱う.

$$\rho = 0 \tag{2.8}$$

である．式 (2.5)–(2.8) を用いてマクスウェルの方程式 (2.1)–(2.3) を書き換えれば，

$$\mathrm{rot}\, \boldsymbol{E} = -\mu \dot{\boldsymbol{H}} \tag{2.9}$$

$$\mathrm{rot}\, \boldsymbol{H} = \epsilon \dot{\boldsymbol{E}} \tag{2.10}$$

$$\mathrm{div}\, \boldsymbol{E} = 0 \tag{2.11}$$

$$\mathrm{div}\, \boldsymbol{H} = 0 \tag{2.12}$$

となる．

この方程式を電場 $\boldsymbol{E}$ について解くために，式 (2.9) の rot をとると，

$$\mathrm{rot}\,\mathrm{rot}\, \boldsymbol{E} = -\mu\, \mathrm{rot}\, \dot{\boldsymbol{H}} \tag{2.13}$$

を得る．式 (2.13) の左辺は

$$\mathrm{rot}\,\mathrm{rot}\, \boldsymbol{E} = \mathrm{grad}\,\mathrm{div}\, \boldsymbol{E} - \nabla^2 \boldsymbol{E} = -\nabla^2 \boldsymbol{E} \tag{2.14}$$

となる[2]．ここで，式 (2.11) を用いた．また，式 (2.13) の右辺に式 (2.10) を代入することにより，

$$-\mu\, \mathrm{rot}\, \dot{\boldsymbol{H}} = -\mu\epsilon \frac{\partial^2 \boldsymbol{E}}{\partial t^2} \tag{2.15}$$

を得る．結局，$\boldsymbol{E}$ に対する方程式として，

$$\nabla^2 \boldsymbol{E} - \mu\epsilon \frac{\partial^2 \boldsymbol{E}}{\partial t^2} = 0 \tag{2.16}$$

の形の**波動方程式** (wave equation) が得られた．まったく同様に，$\boldsymbol{H}$ についても，

$$\nabla^2 \boldsymbol{H} - \mu\epsilon \frac{\partial^2 \boldsymbol{H}}{\partial t^2} = 0 \tag{2.17}$$

---

[2] $\nabla^2 \boldsymbol{E}$ は，$\boldsymbol{E}$ の成分ごとに $\nabla^2 = \mathrm{div}\,\mathrm{grad}$ の演算を施して得られるベクトルである．

が得られる.

2.2 一様な媒質中の電磁波

波動方程式の解：平面波

電荷や電流の存在しない一様で等方的な媒質における，電場や磁場についての波動方程式 (2.16), (2.17) の基本解は，複素数表示を用いて

$$\bm{E} = \bm{E}_0 e^{i(\bm{k}\cdot\bm{r}-\omega t)} \tag{2.18}$$

$$\bm{H} = \bm{H}_0 e^{i(\bm{k}\cdot\bm{r}-\omega t)} \tag{2.19}$$

と表すことができる．$\bm{E}_0$ および $\bm{H}_0$ は電場および磁場の振幅と位相を表す複素数を要素とするベクトルである．実際の電場や磁場は，式 (2.18), (2.19) の実部

$$\mathrm{Re}\,\bm{E} = \frac{1}{2}\left\{\bm{E}_0 e^{i(\bm{k}\cdot\bm{r}-\omega t)} + \bm{E}_0^* e^{i(-\bm{k}\cdot\bm{r}+\omega t)}\right\} \tag{2.20}$$

$$\mathrm{Re}\,\bm{H} = \frac{1}{2}\left\{\bm{H}_0 e^{i(\bm{k}\cdot\bm{r}-\omega t)} + \bm{H}_0^* e^{i(-\bm{k}\cdot\bm{r}+\omega t)}\right\} \tag{2.21}$$

で与えられる．

これらの解は，ベクトル $\bm{k}$ の方向[3]へ角振動数[4] ω で振動しながら進む進行波を表している．式 (2.18), (2.19) の形の進行波は，波面（波が同じ位相をもつ面）が $\bm{k}$ に垂直平面になることから，**平面波** (plane wave) と呼ばれる．波動方程式 (2.16), (2.17) の一般解は，平面波 (2.18), (2.19) のさまざまな $\bm{k}$ についての線形結合で表される．$\bm{k}$ は**波数ベクトル** (wave vector, wavenumber) と呼ばれ，平面波の進行方向を向くベクトルである．以後，$\bm{k}$ は z 方向を向くものとし，$\bm{k} = (0,0,k)$ とする．平面波の波長を λ とすると，

$$k = \frac{2\pi}{\lambda} \tag{2.22}$$

となる．波数 k と角振動数 ω は，波動方程式を満足するために

---

[3] $\bm{k}$ が複素ベクトルの場合は，実部のベクトル $\mathrm{Re}\,\bm{k}$ の方向．
[4] 角振動数 ω と振動数 ν とは $\omega = 2\pi\nu$ の関係にある．

$$\omega = vk \tag{2.23}$$

の関係をもつ．v は波が進む**位相速度** (phase velocity) を表し，

$$v = \frac{1}{\sqrt{\epsilon\mu}} \tag{2.24}$$

である．すなわち，媒質中の電磁波の位相速度は，誘電率および透磁率によって決まる．真空中の光の位相速度 c を真空誘電率 ϵ_0 および真空透磁率 μ_0 で表すと

$$c = \frac{1}{\sqrt{\epsilon_0\mu_0}} \tag{2.25}$$

である．c と v の比

$$n = \frac{c}{v} = \sqrt{\frac{\epsilon\mu}{\epsilon_0\mu_0}} = \sqrt{\bar{\epsilon}\bar{\mu}} \tag{2.26}$$

を，媒質の**屈折率** (refractive index) という．また，$\bar{\epsilon} = \epsilon/\epsilon_0, \bar{\mu} = \mu/\mu_0$ を各々比誘電率，比透磁率という．式 (2.23) より，

$$k = \frac{n}{c}\omega \tag{2.27}$$

であるから，実数の ω に対して，屈折率が実のときには波数ベクトル k も実となり，平面波 (2.18), (2.19) は減衰せずに伝搬する．また，屈折率が虚部をもつ場合は，平面波は媒質中を減衰しながら伝搬することになる．

次に，電場と磁場および波数ベクトルの関係について考える．まず，以下に示すように，電場，磁場および波数ベクトルの方向は互いに垂直である．$\mathrm{div}\,\boldsymbol{E} = \mathrm{div}\,\boldsymbol{H} = 0$ であることから，

$$\boldsymbol{E} \cdot \boldsymbol{k} = 0 \tag{2.28}$$

$$\boldsymbol{H} \cdot \boldsymbol{k} = 0 \tag{2.29}$$

を得る．すなわち，電場および磁場の振動方向は波数ベクトルに垂直であって，これらが**横波** (transverse wave) であることがわかる．

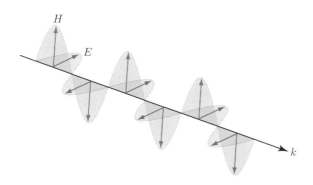

図 2.1　一様な媒質中を進む光がつくる電磁場（平面波）の模式図.

さらに，式 (2.9) に式 (2.18), (2.19) を代入することにより，

$$(\bm{k} \times \bm{E}) = \mu\omega \bm{H} \tag{2.30}$$

を得る．したがって $\bm{E}$ と $\bm{H}$ は互いに垂直である[5]．このように，一様な媒質中を進む光は，電場および磁場ともに横波となり，光の進行方向（波数ベクトルの方向）には電場や磁場の成分をもたないことから，TEM 波 (transverse electromagnetic wave) と呼ばれる．図 2.1 は，このような平面波で表される電磁場の様子を模式的に表したものである．

電磁波のエネルギー

電磁場のエネルギー密度（単位体積あたりのエネルギー）は

$$U = \frac{1}{2}\left(\overline{\bm{D}\cdot\bm{E}} + \overline{\bm{B}\cdot\bm{H}}\right) \tag{2.31}$$

で与えられる．平面波 (2.18) および (2.19) で表される電磁場の時間平均したエネルギー密度は，

$$U = \frac{1}{2}\left(\overline{\mathrm{Re}\,\bm{D}\cdot\mathrm{Re}\,\bm{E}} + \overline{\mathrm{Re}\,\bm{B}\cdot\mathrm{Re}\,\bm{H}}\right)$$

---

[5] もう少し正確に言うと，式 (2.30) から $\bm{E}\cdot\bm{H} = 0$ が得られるが，これは必ずしも幾何学的な垂直 $\mathrm{Re}\,\bm{E}\cdot\mathrm{Re}\,\bm{H} = 0$ を意味しない．$\bm{k}$ が実数のときには，$\mathrm{Re}\,\bm{E}\cdot\mathrm{Re}\,\bm{H} = 0$ となる．

$$\begin{aligned} &= \frac{1}{4}\left(\epsilon|E_0|^2 + \mu|H_0|^2\right) \\ &= \frac{\epsilon}{2}|E_0|^2 \end{aligned} \tag{2.32}$$

となる．ここで，$\overline{X}$ は X の時間平均 $\overline{X} = \frac{1}{T}\int_0^T X dt$ $(T = 2\pi/\omega)$ を表す．

電磁場によるエネルギーの流れは，ポインティングベクトル

$$\boldsymbol{P} = \boldsymbol{E} \times \boldsymbol{H} \tag{2.33}$$

で表される．単位時間，単位面積あたりに流れる平均のエネルギーは，ポインティングベクトルを時間平均することによって求められ，それを I とすれば，

$$\begin{aligned} I &= \overline{EH} \\ &= \frac{1}{T}\int_0^T \mathrm{Re}\left(E_0 e^{i(kz-\omega t)}\right) \cdot \mathrm{Re}\left(H_0 e^{i(kz-\omega t)}\right) dt \\ &= \frac{1}{4}(E_0 H_0^* + E_0^* H_0) \\ &= \frac{1}{2}\sqrt{\epsilon/\mu}\,|E_0|^2 \end{aligned} \tag{2.34}$$

となる．真空中では，

$$I = \frac{1}{2}\sqrt{\epsilon_0/\mu_0}\,|E_0|^2 \tag{2.35}$$

と書くことができる．I は，**光強度**（一般的に使われる単位は $\mathrm{W/cm^2}$）を表す量である．

2.3 偏光とその表現

上述したように，一様かつ等方的な媒質中での光は，電場の振動方向が波数ベクトル $\boldsymbol{k}$（光の進行方向）と垂直な横波になる．したがって，電場は $\boldsymbol{k}$ に垂直な 2 つの独立なベクトルの重ね合わせとして表すことができる．この 2 つのベクトルが作る 2 次元空間内での電場の振動方向の偏りを**偏光** (polarization) という．いま波数ベクトルの方向を z 軸にとり，それに垂直な x および y 軸方向

への電場ベクトルの射影を各々 E_x, E_y とすると，式 (2.18) は

$$\begin{pmatrix} E_x \\ E_y \end{pmatrix} = |E_0| \begin{pmatrix} c_x \\ c_y \end{pmatrix} e^{i(kz-\omega t)} \tag{2.36}$$

と書くことができる．ここで $|E_0| = \sqrt{|E_x|^2 + |E_y|^2}$，$c_x$ および c_y は $|c_x|^2 + |c_y|^2 = 1$ を満たす複素数である．複素数を要素としてもつ単位ベクトル

$$\begin{pmatrix} c_x \\ c_y \end{pmatrix} \tag{2.37}$$

は，光の偏光状態を表しており，**ジョーンズベクトル** (Jones vector) と呼ばれる．

偏光には，重要な 2 つの特別な場合がある．ひとつは，電場が一定の方向を向いて振動する**直線偏光** (linear polarization) と，電場の向きが円周上を回転する**円偏光** (circular polarization) である．

直線偏光

まず，直線偏光について考えよう．例えば，$c_y = 0$ のときには，電場は常に x 軸に平行の向きをもって振動し，逆に，$c_x = 0$ のときには，電場は常に y 軸に平行である．すなわち，このような場合の光は x または y 方向を向いた直線偏光である．一般に，c_x および c_y が実数のとき，ジョーンズベクトル (2.37) は

$$\begin{pmatrix} c_x \\ c_y \end{pmatrix} = \begin{pmatrix} \cos\theta \\ \sin\theta \end{pmatrix} \tag{2.38}$$

と書くことができる．このとき，$\boldsymbol{E}$ の振動方向の xy 平面への射影は直線となり，その振動方向と x 軸との角が θ である．このように直線偏光では，電場ベクトルが波数ベクトル $\boldsymbol{k}$ に垂直な一定の方向を向いて振動する．直線偏光の伝搬の様子を，図 2.2(a) に示す．

円偏光

次に，円偏光について考えよう．ジョーンズベクトル (2.37) が

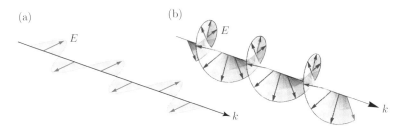

図 2.2 直線偏光 (a) と円偏光 (b) の模式図.図には電場成分のみ記してあるが,電場と垂直な方向に磁場成分も存在する.

$$\begin{pmatrix} c_x \\ c_y \end{pmatrix} = \frac{1}{\sqrt{2}} \begin{pmatrix} 1 \\ \pm i \end{pmatrix} \tag{2.39}$$

となるとき,E_x と E_y とは同じ振幅で $\pm \pi/2$ だけ位相がずれて振動する.このとき,電場 $\bm{E}$ の xy 平面への射影は円となり,任意の地点における電場は円周上を角振動数 ω で回転する.$c_y = i/\sqrt{2}$ のときには $\bm{k}$ の方向から見たときに電場が左回りに回転する**左回り円偏光** (left circular polarization)(図 2.2(b))になり,$c_y = -i/\sqrt{2}$ のときには逆の**右回り円偏光** (right circular polarization) になる [4].

楕円偏光

上では直線偏光と円偏光の 2 つの特別な場合について考察した.両者の中間の場合には,電場の xy 面への射影が楕円となるので,**楕円偏光** (elliptic polarization) と呼ばれる.楕円偏光を表すジョーンズベクトルの一般式は,式 (2.37) で表されるが,一例として,

$$\begin{pmatrix} c_x \\ c_y \end{pmatrix} = \frac{1}{\sqrt{2}} \begin{pmatrix} 1 \\ e^{i\delta} \end{pmatrix} \tag{2.40}$$

の場合の偏光状態における電場ベクトルを xy 平面内へ射影した例を図 2.3 に示す.このとき,電場の x 成分と y 成分の振幅は等しいが,位相が δ だけ異なって振動する.$\delta = 0\ (\pi)$ のときには $+45°\ (-45°)$ の直線偏光,$\delta = \pi/2\ (3\pi/2)$ のときには左回り(右回り)円偏光,それ以外の場合には $\pm 45°$ 方向に長軸,短

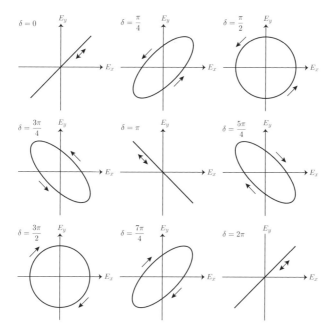

図 2.3 ジョーンズベクトル (2.40) で表される種々の偏光状態における電場ベクトルを xy 平面内へ射影した軌跡.

軸をもつ楕円偏光となることがわかる.

無偏光

例えば，太陽光や電球などから放出される光は，ランダムな位相をもつさまざまな偏光方向の光の集まりであり，定常的な偏光状態をもたない．そのような場合は**無偏光** (unpolarized light) と呼ばれる．

相互相関関数とコヒーレンス

式 (2.36) と式 (2.37) で偏光状態を表すジョーンズベクトルを定義した．ジョーンズベクトルは，上述した直線偏光，円偏光，楕円偏光（これらを純粋な偏光状態と呼ぶ）を 2 次元の複素ベクトルで表す数学的表現である．一方，無偏光状態のような位相が乱れた状態をジョーンズベクトルで表すことはできない．このような場合を含む一般的な偏光状態を表す方法を考えよう．

無偏光状態のように，電場間の振幅や位相にゆらぎをもつ状態を考えよう．このとき，E_x と E_y の間には確定した位相関係がないが，その相関の程度を**相互相関関数** (cross-correlation function)

$$G_{xy} = \langle E_x^* E_y \rangle \tag{2.41}$$

で表すことができる．ここで，$\langle ... \rangle$ は時間平均[6]を表す．また，

$$g_{xy}^{(1)} = \frac{G_{xy}}{\sqrt{\langle I_x \rangle \langle I_y \rangle}} = \frac{\langle E_x^* E_y \rangle}{\sqrt{\langle |E_x|^2 \rangle \langle |E_y|^2 \rangle}} \tag{2.42}$$

を E_x と E_y の 1 次の相互コヒーレンスあるいは単に**コヒーレンス** (coherence) という．I_x および I_y は各々 E_x および E_y に関する光強度 $I_x = |E_x|^2$, $I_y = |E_y|^2$ である[7]．

コヒーレンスとは，干渉のしやすさを表す量であり，$0 \leq |g_{xy}^{(1)}| \leq 1$ を満たす．$|g_{xy}^{(1)}| = 1$ のとき，E_x と E_y とは位相関係が一定に保たれており，これを相互に**コヒーレント** (coherent) あるいは可干渉な状態という．これに対し，$g_{xy}^{(1)} = 0$ のときは E_x と E_y との位相関係がまったく不定で，これを相互に**インコヒーレント** (incoherent) な状態という．一般の状態はその中間であり，部分的にコヒーレントな状態と呼ぶ．

偏光の行列表現

無偏光状態を含む一般的な偏光状態は，x および y の方向の電場に対する光強度成分の平均値 $\langle I_x \rangle = \langle |E_x|^2 \rangle$, $\langle I_y \rangle = \langle |E_y|^2 \rangle$, および上述した相互相関関数 G_{xy} を用いて記述できる．そこで，これらを要素とした次のエルミート行列を考えてみよう．

$$\langle \boldsymbol{S} \rangle = \begin{pmatrix} \langle I_x \rangle & G_{xy}^* \\ G_{xy} & \langle I_y \rangle \end{pmatrix} \tag{2.43}$$

ここで

---

[6] いまはゆらぎのある状態を考えているので，式 (2.34) で用いたような $T = 2\pi/\omega$ についての平均ではなく，長時間 $(T \to \infty)$ での平均をとる．
[7] ここでは，光強度を与える式 (2.34) の係数 $\sqrt{\epsilon/\mu}/2$ は省略する．

$$\boldsymbol{S} = \begin{pmatrix} E_x \\ E_y \end{pmatrix} \begin{pmatrix} E_x^* & E_y^* \end{pmatrix} = \begin{pmatrix} |E_x|^2 & E_x E_y^* \\ E_x^* E_y & |E_y|^2 \end{pmatrix} \tag{2.44}$$

である．$\boldsymbol{S}$ および $\langle \boldsymbol{S} \rangle$ を，**偏光行列** (polarization matirix) と呼ぶことにしよう．偏光行列の対角項は x および y の方向の電場に対する光強度，非対角項は電場間の相関（コヒーレンス）を表している．位相が確定した純粋な偏光状態では $|E_x E_y^*|^2 = |E_x|^2 |E_y|^2$ であるが，$|G_{xy}|^2 \leq |E_x|^2 |E_y|^2$ であるから，一般に $\langle \boldsymbol{S} \rangle$ の非対角項の大きさは $\boldsymbol{S}$ のそれに比べて小さくなる．また，式 (2.37) で定義したジョーンズベクトルを

$$\boldsymbol{c} = \begin{pmatrix} c_x \\ c_y \end{pmatrix}, \quad \boldsymbol{c}^\dagger = \begin{pmatrix} c_x^* & c_y^* \end{pmatrix} \tag{2.45}$$

とすると，

$$\boldsymbol{S} = |E_0|^2 \boldsymbol{s} = |E_0|^2 \boldsymbol{c}\boldsymbol{c}^\dagger \tag{2.46}$$

の関係がある．ここで，

$$\boldsymbol{s} = \boldsymbol{c}\boldsymbol{c}^\dagger = \begin{pmatrix} |c_x|^2 & c_x c_y^* \\ c_x^* c_y & |c_y|^2 \end{pmatrix} \tag{2.47}$$

である．後述するように，量子化した偏光状態を記述する際，ジョーンズベクトルは状態ベクトルに対応し，$\boldsymbol{s}$ は密度行列に対応する．

ストークスパラメータとポアンカレ球

偏光行列 $\boldsymbol{S}$ の要素は，以下の 4 つの実数値 $S_0 \sim S_3$ を用いても表すことができる．

$$S_0 = |E_x|^2 + |E_y|^2 \tag{2.48}$$

$$S_1 = |E_x|^2 - |E_y|^2 \tag{2.49}$$

$$S_2 = E_x^* E_y + E_x E_y^* = 2\mathrm{Re}\left(E_x^* E_y\right) \tag{2.50}$$

$$S_3 = -iE_x^* E_y + iE_x E_y^* = 2\mathrm{Im}\left(E_x^* E_y\right) \tag{2.51}$$

これらは**ストークスパラメータ** (Stokes parameters) [4] あるいは 4 成分のベクトルとして**ストークスベクトル** (Stokes vector) と呼ばれている．ストークスパラメータはジョーンズベクトル c を用いて

$$S_i = \mathrm{Tr}(\sigma_i \boldsymbol{S}) = |E_0|^2 \boldsymbol{c}^\dagger \sigma_i \boldsymbol{c} \tag{2.52}$$

と書ける．ここで，σ_i はパウリ行列

$$\sigma_0 = \begin{pmatrix} 1 & 0 \\ 0 & 1 \end{pmatrix},\ \sigma_1 = \begin{pmatrix} 1 & 0 \\ 0 & -1 \end{pmatrix},\ \sigma_2 = \begin{pmatrix} 0 & 1 \\ 1 & 0 \end{pmatrix},\ \sigma_3 = \begin{pmatrix} 0 & -i \\ i & 0 \end{pmatrix} \tag{2.53}$$

である[8]．また，偏光行列 $\boldsymbol{S}$ はストークスパラメータを用いて

$$\boldsymbol{S} = \frac{1}{2} \sum_{i=0}^{3} S_i \sigma_i \tag{2.54}$$

と書くことができる．

ストークスパラメータは，偏光状態の幾何学的表現を与える．その意味を考えてみよう．まず，S_0 は光の全強度 $I = I_x + I_y$ に対応する．S_1 は x 方向の直線偏光と y 方向の直線偏光の強度差であり，x 偏光であれば $S_1 = S_0$，y 偏光であれば $S_1 = -S_0$ となる．S_2 については，$S_2 = |E_{+D}|^2 - |E_{-D}|^2$ と変形でき，$E_{\pm D} = (E_x \pm E_y)/\sqrt{2}$ は $\pm 45°$ 方向の偏光の電場成分であるから，S_2 は $\pm 45°$ 方向の直線偏光の強度差を表す．そして $+45°$ 方向の直線偏光であれば $S_2 = S_0$，$-45°$ 方向の直線偏光であれば $S_2 = -S_0$ である．同様に S_3 については，$S_3 = |E_+|^2 - |E_-|^2$ と変形でき，$E_\pm = (E_x \mp iE_y)/\sqrt{2}$ は左右回りの円偏光の電場成分であるから，S_3 は左右回りの円偏光の強度差で，左回り円偏光であれば $S_3 = S_0$，右回り円偏光であれば $S_3 = -S_0$ である．また，E_x と E_y の位相関係が定まった純粋な偏光状態では $S_1^2 + S_2^2 + S_3^2 = S_0^2$ が成り立つ．したがって，偏光状態を実ベクトル $(S_1, S_2, S_3)/S_0$ で表し，これを 3 次元空間で表すと，純粋な偏光状態は半径 1 の球面上の点に対応する．この球を**ポアンカレ球** (Poincaré sphere) という（図 2.4）．

---

[8] パウリ行列を $\sigma_x = \begin{pmatrix} 0 & 1 \\ 1 & 0 \end{pmatrix}$, $\sigma_y = \begin{pmatrix} 0 & -i \\ i & 0 \end{pmatrix}$, $\sigma_z = \begin{pmatrix} 1 & 0 \\ 0 & -1 \end{pmatrix}$ と書くことも多い．式 (2.53) では，ストークスパラメータとの対応を重視して $\sigma_1 = \sigma_z$, $\sigma_2 = \sigma_x$, $\sigma_3 = \sigma_y$ とした．

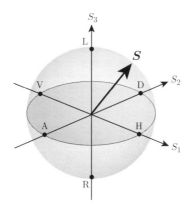

図 2.4 ストークスパラメータとポアンカレ球. ポアンカレ球の表面が S_1, S_2, S_3 の軸を切る点 H, V, D, A, L, R は各々, 水平直線偏光, 垂直直線偏光, +45° 直線偏光, −45° 直線偏光, 左回り円偏光, 右回り円偏光に対応する.

電場の振幅や位相にゆらぎのある状態に対しては, 偏光行列の時間平均 $\langle \boldsymbol{S} \rangle$ を考えたのと同様に, $S_0 \sim S_3$ の時間平均を考える. すると,

$$\langle S_0 \rangle = \langle |E_x|^2 \rangle + \langle |E_y|^2 \rangle \tag{2.55}$$

$$\langle S_1 \rangle = \langle |E_x|^2 \rangle - \langle |E_y|^2 \rangle \tag{2.56}$$

$$\langle S_2 \rangle = 2\operatorname{Re} G_{xy} \tag{2.57}$$

$$\langle S_3 \rangle = 2\operatorname{Im} G_{xy} \tag{2.58}$$

を得る. このとき, $\langle S_1 \rangle^2 + \langle S_2 \rangle^2 + \langle S_3 \rangle^2 \leq \langle S_0 \rangle^2$ であるから, 電場の位相にゆらぎのある状態の偏光状態はポアンカレ球の内部の点に対応する. 特に, 無偏光状態は $S_1 = S_2 = S_3 = 0$, すなわちポアンカレ球の中心に対応する. このように, ストークスパラメータの時間平均を用いた実ベクトル $(\langle S_1 \rangle, \langle S_2 \rangle, \langle S_3 \rangle)/\langle S_0 \rangle$ の表現では, 位相関係にゆらぎのある状態を含めた一般的な偏光状態を記述することが可能である. 後述するように, ストークスパラメータとポアンカレ球による偏光状態の表現は, 電子スピンなどの 2 準位の量子系の**ブロッホベクトル** (Bloch vector) と**ブロッホ球** (Bloch sphere) による表現に対応する.

第3章 調和振動子の量子力学

 光の量子化に進む前に，1次元**調和振動子** (harmonic oscillator) の量子力学を復習しておこう．調和振動子は，分子の振動や電磁波（光）のように，振動や波動に関する多くの物理系を表すよいモデルとなっていて，光の量子化の過程を理解するうえでたいへん役に立つ．読者は，調和振動子の量子状態と光のそれとの密接な類似を見るであろう．さらに，2次元調和振動子は，光の偏光とその量子化された状態を理解するうえで重要である．

3.1 調和振動子のハミルトニアン

 古典力学で学んだように，1次元調和振動（または単振動）のポテンシャルエネルギーは，

$$V(x) = \frac{1}{2}m\omega^2 x^2 \tag{3.1}$$

で与えられる（図 3.1 参照）．ここで，m は粒子の質量，ω は角振動数である．古典力学の**運動方程式** (equation of motion)

$$m\ddot{x} = f = -\frac{dV(x)}{dx} = -m\omega^2 x \tag{3.2}$$

よりただちに，x の実解として

$$x(t) = \frac{1}{2}(be^{-i\omega t} + b^* e^{i\omega t}) = \mathrm{Re}\,(be^{-i\omega t}) \tag{3.3}$$

を得る．ここで，b は複素数の定数であり，$|b|$ が振動の振幅，$\arg b$ が位相を表

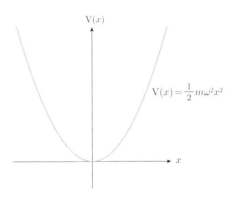

図 **3.1** 1 次元調和振動子ポテンシャル.

す[1]. 次に, 1 次元調和振動子の**ハミルトニアン** (Hamiltonian) を求めよう. 座標を x のままで行ってもよいが, ここではまず次の置き換えを行い, **一般化座標** (generalized coordinate) Q を導入する.

$$Q = \sqrt{m\omega}\, x \tag{3.4}$$

この系の**ラグランジアン** (Lagrangian) $\mathcal{L}$ を Q で表すと

$$\mathcal{L} = T - V = \frac{1}{2}\left(\frac{\dot{Q}^2}{\omega} - \omega Q^2\right) \tag{3.5}$$

となるから, Q に**正準共役**[2]な一般化運動量 P は,

$$P = \frac{\partial \mathcal{L}}{\partial \dot{Q}} = \frac{\dot{Q}}{\omega} \tag{3.6}$$

である. したがって, ハミルトニアン $\mathcal{H}$ を Q, P で表すと,

$$\mathcal{H} = T + V = \frac{\omega}{2}\left(P^2 + Q^2\right) \tag{3.7}$$

となる. 対応するハミルトンの**正準運動方程式** (canonical equation of motion)[3] は

---

[1] もちろん, 実解を sin, cos で表すこともできる.
[2] 以下では正準共役のことを単に**共役**という場合もある.
[3] **正準方程式** (canonical equation) ともいう.

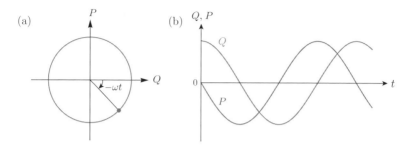

図 3.2 調和振動子における Q および P の (a) 位相空間上での運動と (b) 時間変化. ここで, a は実数とした.

$$\frac{dQ}{dt} = \frac{\partial \mathcal{H}}{\partial P}, \quad \frac{dP}{dt} = -\frac{\partial \mathcal{H}}{\partial Q} \tag{3.8}$$

である[4]. 式 (3.8) から再び運動方程式 (3.2) を得ることは容易であろう. Q および P は, x および $\dot{x}$ と同様に角振動数 ω の振動運動を行うが, $\mathcal{H}$ が運動の恒量(エネルギー E)であるときには, 式 (3.7) は

$$P^2 + Q^2 = \frac{2E}{\omega} \tag{3.9}$$

となり, Q および P は**位相空間** (phase space)(Q–P 平面)上で半径 $\sqrt{2E/\omega}$ の円運動を行うことがわかる(図 3.2). このとき,

$$Q(t) = \frac{1}{\sqrt{2}}(ae^{-i\omega t} + a^*e^{i\omega t}) = \sqrt{2}\mathrm{Re}\,(ae^{-i\omega t}) \tag{3.10}$$

$$P(t) = \frac{1}{\sqrt{2}i}(ae^{-i\omega t} - a^*e^{i\omega t}) = \sqrt{2}\mathrm{Im}\,(ae^{-i\omega t}) \tag{3.11}$$

と書くことができる. ここで, $a = b\sqrt{m\omega/2}$ である.

3.2 調和振動子の量子化

次に量子化の手続きに移ろう. 調和振動子ポテンシャル (3.1) の中を運動す

---

[4] 式 (3.8) は, **ポアソンの括弧式** (Poisson braket) $\{A, B\} = \frac{\partial A}{\partial Q}\frac{\partial B}{\partial P} - \frac{\partial B}{\partial Q}\frac{\partial A}{\partial P}$ を用いて, $\frac{dQ}{dt} = \{Q, H\}$, $\frac{dP}{dt} = \{P, H\}$ と書くこともできる. もっと一般に, Q, P の関数である物理量 F に対して, $\frac{dF}{dt} = \{F, H\}$ が成り立つ.

る粒子のシュレーディンガー方程式から始めることもできるが，ここでは後の電磁場の量子化のことを考慮し，少し違う方法で手続きを進める．

前節で，古典的ハミルトニアン (3.7) を正準共役な位置 Q および運動量 P の関数として求めた．対応原理による量子化の手続きは，共役な物理量 Q および P に対応するエルミートな演算子 $\hat{Q}$ および $\hat{P}$ の間に，**交換関係** (commutation relation)

$$[\hat{Q}, \hat{P}] = \hat{Q}\hat{P} - \hat{P}\hat{Q} = i\hbar \tag{3.12}$$

を課することで達成される．このとき，量子力学における演算子の運動方程式（**ハイゼンベルク表示**）

$$i\hbar \frac{d\hat{Q}}{dt} = [\hat{Q}, \hat{H}], \quad i\hbar \frac{d\hat{P}}{dt} = [\hat{P}, \hat{H}] \tag{3.13}$$

と，古典力学におけるハミルトンの正準運動方程式 (3.8) とが対応することが示される．ここで，$\hat{H}$ は演算子となったハミルトニアン

$$\hat{H} = \frac{\omega}{2}\left(\hat{P}^2 + \hat{Q}^2\right) \tag{3.14}$$

である．以下では，

$$\hat{q} = \frac{\hat{Q}}{\sqrt{\hbar}}, \quad \hat{p} = \frac{\hat{P}}{\sqrt{\hbar}} \tag{3.15}$$

と置き換えて[5]，

$$[\hat{q}, \hat{p}] = i \tag{3.16}$$

$$\hat{H} = \frac{\hbar\omega}{2}\left(\hat{p}^2 + \hat{q}^2\right) \tag{3.17}$$

としよう．そして，新しい演算子

---

[5] このとき，$\hat{q}$ および $\hat{p}$ に対応する古典量は正準運動方程式 (3.8) を満たすような正準共役な物理量ではなくなるが，種々の物理量の計算の際に現れる因子 $\hbar$ が省けて簡潔になる．

$$\hat{a} = \frac{1}{\sqrt{2}}(\hat{q} + i\hat{p}) \tag{3.18}$$

$$\hat{a}^\dagger = \frac{1}{\sqrt{2}}(\hat{q} - i\hat{p}) \tag{3.19}$$

を定義する．$\hat{a}$ を**消滅演算子** (annihilation operator)（または下降演算子），$\hat{a}^\dagger$ を**生成演算子** (creation operator)（または上昇演算子）という．その理由はすぐにわかる．また，$\hat{a}$ と $\hat{a}^\dagger$ の間には交換関係

$$[\hat{a}, \hat{a}^\dagger] = 1 \tag{3.20}$$

が成り立つ．式 (3.18)–(3.20) を用いると，ハミルトニアンは

$$\hat{H} = \frac{\hbar\omega}{2}\left(\hat{a}\hat{a}^\dagger + \hat{a}^\dagger\hat{a}\right) = \hbar\omega\left(\hat{a}^\dagger\hat{a} + \frac{1}{2}\right) = \hbar\omega\left(\hat{n} + \frac{1}{2}\right) \tag{3.21}$$

と表されることがわかる．ここで，$\hat{n} = \hat{a}^\dagger\hat{a}$ である．すなわち，ハミルトニアン $\hat{H}$ の固有値問題すなわちシュレーディンガー方程式は，$\hat{n} = \hat{a}^\dagger\hat{a}$ の固有値問題に帰着する．$\hat{n}$ を**個数演算子** (number operator)，その固有状態を**個数状態** (number state) という．個数状態の 1 つを $|n\rangle$，その固有値を n，すなわち

$$\hat{n}|n\rangle = n|n\rangle \tag{3.22}$$

としよう．これらに対するいくつかの基本的な性質を述べておこう．

1. $|n\rangle$ に $\hat{a}$ を作用させた状態 $\hat{a}|n\rangle$ も $\hat{n}$ の固有状態であり，その固有値は $n-1$ である．なぜなら，

$$\hat{n}\hat{a}|n\rangle = \hat{a}^\dagger\hat{a}\hat{a}|n\rangle = (\hat{a}\hat{a}^\dagger - 1)\hat{a}|n\rangle = (n-1)\hat{a}|n\rangle. \tag{3.23}$$

2. $|n\rangle$ に $\hat{a}^\dagger$ を作用させた状態 $\hat{a}^\dagger|n\rangle$ も $\hat{n}$ の固有状態であり，その固有値は $n+1$ である．なぜなら，

$$\hat{n}\hat{a}^\dagger|n\rangle = \hat{a}^\dagger\hat{a}\hat{a}^\dagger|n\rangle = \hat{a}^\dagger(\hat{a}^\dagger\hat{a} + 1)|n\rangle = (n+1)\hat{a}^\dagger|n\rangle. \tag{3.24}$$

3. n は 0 または正の整数である．それは次の理由による．

まず，n は負でない値をもつ．なぜなら

$$n = \langle n|\hat{a}^\dagger \hat{a}|n\rangle = \||\hat{a}|n\rangle\|^2 \geq 0. \tag{3.25}$$

次に，$0 \leq n < 1$ の固有値をもつ状態に対しては，

$$\hat{a}|n\rangle = 0 \tag{3.26}$$

である．さもなければ，1. より固有値 $n < 0$ の状態が存在することになり，式 (3.25) に反する．このとき，式 (3.26) の状態に対応する $\hat{n}$ の固有値 n は

$$n = \langle n|\hat{a}^\dagger \hat{a}|n\rangle = \||\hat{a}|n\rangle\|^2 = 0 \tag{3.27}$$

となって，$0 \leq n < 1$ の間でとりうる固有値は $n = 0$ しかあり得ないことになる．もし非整数の固有値をもつ状態があるとすると，$\hat{a}$ を繰り返し作用させることにより，$0 < n < 1$ の固有値をもつ状態が存在することになるが，それは式 (3.27) に反する．

以上のことから，調和振動子のエネルギー固有値 E_n は

$$E_n = \left(n + \frac{1}{2}\right)\hbar\omega \quad (n = 0,\ 1,\ 2, ...) \tag{3.28}$$

で与えられることがわかる．すなわち，次のような重要な結論に達した．

- 調和振動子のエネルギー固有値は離散的で，$\hbar\omega$ の間隔で並んでいる．
- エネルギー固有値 E_n に対応する固有状態は個数状態 $|n\rangle$ である．
- 最低エネルギー状態 $|0\rangle$ のエネルギー固有値 E_0 は，ポテンシャルの底より $E_0 = \hbar\omega/2$ だけエネルギーが大きい．これを**零点エネルギー** (zero-point energy) と呼ぶ．また，$|0\rangle$ を**基底状態** (ground state) または**真空状態** (vacuum state) と呼ぶ [6]．

次に，エネルギー固有状態 $|n\rangle$ を真空状態 $|0\rangle$ から生成しよう．上記 2. から

---

[6] 真空状態と呼ぶのは，電磁場を量子化（第 4 章）した際の基底状態が，光子の存在しない状態すなわち真空の状態に対応するからである．

わかるように，$|n\rangle$ は $|0\rangle$ に $\hat{a}^\dagger$ を n 回作用させた状態

$$|n\rangle = C_n (\hat{a}^\dagger)^n |0\rangle \tag{3.29}$$

と表すことができる．ここで，C_n は規格化定数である．すると，

$$|n\rangle = \frac{C_n}{C_{n-1}} \hat{a}^\dagger C_{n-1} (\hat{a}^\dagger)^{n-1} |0\rangle = \frac{C_n}{C_{n-1}} \hat{a}^\dagger |n-1\rangle, \tag{3.30}$$

$$\begin{aligned}
\langle n|n\rangle &= \frac{|C_n|^2}{|C_{n-1}|^2} \langle n-1|\hat{a}\hat{a}^\dagger|n-1\rangle \\
&= \frac{|C_n|^2}{|C_{n-1}|^2} \langle n-1|(\hat{a}^\dagger\hat{a}+1)|n-1\rangle \\
&= \frac{|C_n|^2}{|C_{n-1}|^2} n \langle n-1|n-1\rangle \\
&\ldots \\
&= |C_n|^2 n! \tag{3.31}
\end{aligned}$$

となる．ここで，$|0\rangle$ は規格化されており，$\langle 0|0\rangle = 1$, $C_0 = 1$ とした．規格化条件 $\langle n|n\rangle = 1$ より，C_n を正にとって

$$|n\rangle = \frac{1}{\sqrt{n!}} (\hat{a}^\dagger)^n |0\rangle \tag{3.32}$$

を得る．また，異なる固有値に属する固有状態は直交することから，$|n\rangle$ は**規格直交性（正規直交性）**(orthonormality)

$$\langle n|n'\rangle = \delta_{nn'} \tag{3.33}$$

を満たす．さらに，個数状態は**完全性** (completeness)

$$\sum_n |n\rangle\langle n| = 1 \tag{3.34}$$

を満足する．したがって，任意の状態を個数状態の線形結合として表すことができる．また，

$$\hat{a}|0\rangle = 0 \tag{3.35}$$

$$\hat{a}|n\rangle = \sqrt{n}\,|n-1\rangle \quad (n \geq 1) \tag{3.36}$$

$$\hat{a}^\dagger|n\rangle = \sqrt{n+1}\,|n+1\rangle \tag{3.37}$$

が成り立つ.

3.3 物理量の期待値とゆらぎ

量子力学では,任意の状態 $|\phi\rangle$ について,物理量 $\hat{X}$ の**期待値** (expectation value) は

$$\langle \hat{X} \rangle = \langle \phi | \hat{X} | \phi \rangle \tag{3.38}$$

で与えられる.また,その**ゆらぎ** (fluctuation) の量は**分散** (variance)[7]

$$\sigma(X)^2 \equiv \langle (\hat{X} - \langle \hat{X} \rangle)^2 \rangle = \langle \hat{X}^2 \rangle - \langle \hat{X} \rangle^2 \tag{3.39}$$

またはその平方根である**標準偏差** (standard deviation)

$$\sigma(X) \equiv \sqrt{\sigma(X)^2} \tag{3.40}$$

で見積もることができる.

では,調和振動子の個数状態 $|n\rangle$ における,座標 $\hat{q}$ および運動量 $\hat{p}$ の期待値とその時間変化を求めてみよう.式 (3.13) と同様に,演算子 $\hat{a}$ および $\hat{a}^\dagger$ の時間変化は

$$i\hbar \frac{d\hat{a}}{dt} = [\hat{a}, \hat{H}] \tag{3.41}$$

$$i\hbar \frac{d\hat{a}^\dagger}{dt} = [\hat{a}^\dagger, \hat{H}] \tag{3.42}$$

で与えられる.

---

[7] 平均二乗偏差 (mean squared deviation) ともいう.

$$[\hat{a}, \hat{H}] = \hbar\omega[\hat{a}, \hat{a}^\dagger \hat{a}] = \hbar\omega\hat{a} \tag{3.43}$$

$$[\hat{a}^\dagger, \hat{H}] = \hbar\omega[\hat{a}^\dagger, \hat{a}^\dagger \hat{a}] = -\hbar\omega\hat{a}^\dagger \tag{3.44}$$

であるから

$$\hat{a}(t) = \hat{a}e^{-i\omega t} \tag{3.45}$$

$$\hat{a}^\dagger(t) = \hat{a}^\dagger e^{i\omega t} \tag{3.46}$$

となる．上式の右辺では，$\hat{a}(0)$ および $\hat{a}^\dagger(0)$ を改めて $\hat{a}$ および $\hat{a}^\dagger$ とおいた．式 (3.18), (3.19) から $\hat{q}$ および $\hat{p}$ の時間変化は

$$\hat{q}(t) = \frac{1}{\sqrt{2}}(\hat{a}(t) + \hat{a}^\dagger(t)) \tag{3.47}$$

$$\hat{p}(t) = \frac{1}{\sqrt{2}i}(\hat{a}(t) - \hat{a}^\dagger(t)) \tag{3.48}$$

である．これらと式 (3.10), (3.11) を比較すると，$\hat{a}(t)$ および $\hat{a}^\dagger(t)$ は q, p を位相空間上で表した際の時計回りおよび反時計回りの回転成分に対応していることがわかる．さて，式 (3.33)–(3.37) から

$$\langle n|\hat{a}|n\rangle = \langle n|\hat{a}^\dagger|n\rangle = 0 \tag{3.49}$$

であるから，結局

$$\langle \hat{q}(t) \rangle = \langle n|\hat{q}(t)|n\rangle = 0 \tag{3.50}$$

$$\langle \hat{p}(t) \rangle = \langle n|\hat{p}(t)|n\rangle = 0 \tag{3.51}$$

となってしまう．すなわち，個数状態 $|n\rangle$ に対して，位置および運動量の期待値は恒常的に 0 である．これらの結果は，明らかに古典的振動運動 (3.3) とは異なっており，個数状態は古典的振動運動に対応した量子状態とはなっていないことがわかる．これはしかし，位置や運動量が常に 0 に固定されていることを意味しない．q および p のゆらぎ（不確定性）は，

$$\sigma(q)^2 = \langle n|\hat{q}(t)^2|n\rangle - \langle n|\hat{q}(t)|n\rangle^2 = n + \frac{1}{2}, \quad \sigma(q) = \sqrt{n + \frac{1}{2}} \tag{3.52}$$

$$\sigma(p)^2 = \langle n|\hat{p}(t)^2|n\rangle - \langle n|\hat{p}(t)|n\rangle^2 = n + \frac{1}{2}, \quad \sigma(p) = \sqrt{n + \frac{1}{2}} \qquad (3.53)$$

となり，n に応じて一定のゆらぎをもつ．すなわち個数状態においては，系は定まった位相をもたない乱雑な振動をしており，q や p の平均値は 0 であるが，有限のゆらぎをもつのである．特に，$n = 0$ においても有限のゆらぎをもち，これを**零点ゆらぎ** (zero-point fluctuation) または**零点振動** (zero-point motion) ともいう．

物理量のゆらぎに関するハイゼンベルクの**不確定性関係** (uncertainty relation)[8]

$$\sigma(A)\sigma(B) \geq \frac{1}{2}\left|\langle[\hat{A}, \hat{B}]\rangle\right| \qquad (3.54)$$

において，$\hat{A} = \hat{q}, \hat{B} = \hat{p}$ とおけば，

$$\sigma(p)\sigma(q) \geq \frac{1}{2} \qquad (3.55)$$

を得る．ここで，交換関係 (3.12) を用いた．式 (3.52), (3.53) において $n = 0$ での位置および運動量のゆらぎは，不確定性関係 (3.55) における等号条件を満たす．すなわち真空状態 $|0\rangle$ は最小不確定性関係にあることがわかる．

3.4 波動関数と確率密度

ここまでは，量子状態を抽象的なベクトルで表現し，演算子を用いた代数計算によって物理量の期待値やゆらぎを求めてきた．期待値やゆらぎを求めるためにはそれで十分であったが，場合によっては，ある量子状態についての位置や運動量の分布やその時間変化（運動）を知りたい場合がある．まず，座標 q についての**波動関数** (wave function)，すなわち**座標表示**（q 表示）(position representation) を求めることから始めよう．

任意の状態 $|\phi\rangle$ に対する座標表示の波動関数 $\psi_\phi(q)$ は，

---

[8] 式 (3.54) は，ロバートソン (H. P. Robertson) によって導かれたので，**ロバートソンの不等式**とも呼ばれる．

$$\psi_\phi(q) = \langle q|\phi\rangle \tag{3.56}$$

で定義される．ここで，$|q\rangle$ は $\hat{q}$ の固有状態（固有値 q）であり，連続量における**規格直交性**（正規直交性）[9]

$$\langle q|q'\rangle = \delta(q - q') \tag{3.57}$$

および**完全性**

$$\int_{-\infty}^{\infty} dq\, |q\rangle\langle q| = 1 \tag{3.58}$$

を満たす．式 (3.58) を用いると，

$$|\phi\rangle = \int_{-\infty}^{\infty} dq\, |q\rangle\langle q|\phi\rangle = \int_{-\infty}^{\infty} dq\, |q\rangle \psi_\phi(q) \tag{3.59}$$

と書けるから，波動関数とは状態 $|\phi\rangle$ を $\hat{q}$ の固有状態 $|q\rangle$ で展開したときの展開係数であることがわかる．ここで，座標表示の波動関数に対する演算子の作用について確認しておこう．まず，$\hat{q}$ に対しては，

$$\langle q|\hat{q}|\phi\rangle = q\langle q|\phi\rangle = q\psi_\phi(q) \tag{3.60}$$

であるから，座標表示における $\hat{q}$ の作用は実数 q を乗ずること

$$\hat{q} \to q \tag{3.61}$$

である．次に，交換関係 $[\hat{q}, \hat{p}] = i$ から

$$\langle q|\hat{q}\hat{p} - \hat{p}\hat{q}|q'\rangle = i\langle q|q'\rangle$$
$$(q - q')\langle q|\hat{p}|q'\rangle = i\delta(q - q')$$
$$\langle q|\hat{p}|q'\rangle = -i\delta'(q - q') \tag{3.62}$$

となることがわかる [10]．したがって，$\hat{p}$ に対しては，

---

[9] $\delta(x)$ はデルタ関数である．
[10] $\delta'(x) = -\delta(x)/x$ はデルタ関数の導関数である．

$$\langle q|\hat{p}|\phi\rangle = \int_{-\infty}^{\infty} dq' \, \langle q|\hat{p}|q'\rangle \langle q'|\phi\rangle$$
$$= -i \int_{-\infty}^{\infty} dq' \, \delta'(q-q') \langle q'|\phi\rangle$$
$$= -i \frac{d}{dq} \langle q|\phi\rangle$$
$$= -i \frac{d}{dq} \psi_\phi(q) \tag{3.63}$$

を得る．すなわち，座標表示における $\hat{p}$ の作用は，q についての微分

$$\hat{p} \to -i \frac{d}{dq} \tag{3.64}$$

であることがわかる[11]．また，$\hat{p}$ の固有状態を $|p\rangle$，その固有値を p とすると，

$$\langle q|\hat{p}|p\rangle = p\langle q|p\rangle$$
$$-i \frac{d}{dq} \langle q|p\rangle = p\langle q|p\rangle$$

よって

$$\psi_p(q) = \langle q|p\rangle = \frac{1}{\sqrt{2\pi}} e^{ipq} \tag{3.65}$$

である．すなわち，$|p\rangle$ に対する座標表示での波動関数 $\psi_p(q) = \langle q|p\rangle$ は，波数が p の平面波である．ここで，式 (3.65) の右辺の係数は，規格直交性 $\langle p|p'\rangle = \delta(p-p')$ を満たすように定めた．

それでは，はじめに真空状態 $|0\rangle$ の波動関数 $\psi_0(q)$ を具体的に求めてみよう．式 (3.35) より

$$\hat{a}|0\rangle = \frac{1}{\sqrt{2}} (\hat{q} + i\hat{p})|0\rangle = 0 \tag{3.66}$$

である．座標表示では，式 (3.61) および式 (3.64) を用いることにより，式 (3.66) は q についての常微分方程式

$$\left(q + \frac{d}{dq} \right) \psi_0(q) = 0 \tag{3.67}$$

---

[11] これらは，波動力学で学んだ，位置および運動量の波動関数に対する作用と（$\hat{p}$ の係数 $\hbar$ を除いて）同じである．

に帰着する．式 (3.67) の一般解は

$$\psi_0(q) = Ae^{-\frac{q^2}{2}} \tag{3.68}$$

となる．ここで A は定数である．規格化条件

$$\int_{-\infty}^{\infty} |\psi_0(q)|^2 dq = \sqrt{\pi}|A|^2 = 1 \tag{3.69}$$

より，A を正の値にとれば

$$A = \pi^{-1/4} \tag{3.70}$$

式 (3.37) より，$n=0$ 以外の個数状態の波動関数 $\psi_n(q)$ は，式 (3.68) に生成演算子 $\hat{a}^\dagger = (\hat{q} - i\hat{p})/\sqrt{2}$ を次々と作用させて得られる：

$$\psi_1(q) = \frac{1}{\sqrt{2}} \left(q - \frac{d}{dq} \right) \psi_0(q) = \sqrt{2}q\psi_0(q), \tag{3.71}$$

$$\psi_2(q) = \frac{1}{\sqrt{2 \cdot 2}} \left(q - \frac{d}{dq} \right) \psi_1(q) = \frac{1}{\sqrt{2}}(2q^2 - 1)\psi_0(q), \tag{3.72}$$

$$\dots$$

$$\psi_{n+1}(q) = \frac{1}{\sqrt{2(n+1)}} \left(q - \frac{d}{dq} \right) \psi_n(q). \tag{3.73}$$

いま，$\psi_n(q) = \psi_0(q)u_n(q)$ とおき，式 (3.73) に代入すれば

$$u_{n+1}(q) = \frac{1}{\sqrt{2(n+1)}} \left(2q - \frac{d}{dq} \right) u_n(q) \tag{3.74}$$

を得る．ここで，漸化式

$$H_0 = 1 \tag{3.75}$$

$$H_{n+1}(q) = \left(2q - \frac{d}{dq} \right) H_n(q) \tag{3.76}$$

の解 $H_n(q)$ は，**エルミート多項式** (Hermite polynominal) として知られている．エルミート多項式のはじめのいくつかを列記すると

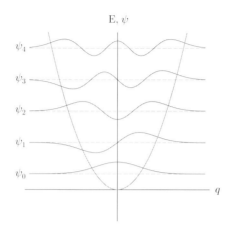

図 3.3　1 次元調和振動子における個数状態の波動関数 $\psi_n(q)$ の例．各関数の 0 点は，各々の固有エネルギー（破線）に等しくなるようシフトした．

$$H_0(q) = 1, \quad H_1(q) = 2q, \quad H_2(q) = 4q^2 - 2, \quad \ldots \tag{3.77}$$

である．式 (3.74), (3.76) より，

$$u_n(q) = \frac{1}{\sqrt{2^n n!}} H_n(q) \tag{3.78}$$

を得る．以上をまとめて，個数状態 $|n\rangle$ に対する座標表示の波動関数として

$$\psi_n(q) = \frac{1}{\pi^{1/4}\sqrt{2^n n!}} e^{-\frac{q^2}{2}} H_n(q) \tag{3.79}$$

が得られた．図 3.3 に，個数状態の波動関数のうちのいくつかを示す．

次に，**運動量表示**（p 表示）(momentum representation) の波動関数を求めよう．任意の状態 $|\phi\rangle$ に対する運動量表示の波動関数 $\varphi_\phi(p)$ は，

$$\varphi_\phi(p) = \langle p|\phi\rangle \tag{3.80}$$

で定義される．ここで，$|p\rangle$ は $\hat{p}$ の固有状態である．$\int_{-\infty}^{\infty} dq |q\rangle\langle q| = 1$ を用いて

$$\varphi_\phi(p) = \int_{-\infty}^{\infty} dq \langle p|q\rangle\langle q|\phi\rangle = \frac{1}{\sqrt{2\pi}} \int_{-\infty}^{\infty} dq e^{-ipq} \psi_\phi(q) \tag{3.81}$$

を得る．ここで，式 (3.65) を用いた．式 (3.81) は，一般に運動量表示での波動関数と座標表示の波動関数とが互いにフーリエ変換の関係にあることを表している．また，ハミルトニアン (3.17) が $\hat{q}$ と $\hat{p}$ とで対称であることから，その固有状態 $|n\rangle$ の波動関数は，座標表示と運動量表示とで（位相因子を除き）同じ形になる．位相因子まで含めて具体的に書きくだせば，

$$\varphi_n(p) = (-i)^n \psi_n(p) \tag{3.82}$$

である[12]．

次に，系を座標 q および運動量 p に見出す確率分布を考えよう．古典的には，q および p が一意に指定され，q と p の張る 2 次元空間すなわち位相空間上の 1 点によって系の状態が定まるが，式 (3.52) および式 (3.53) で見たように，量子系では q と p ともにゆらぎ（不確定性）をもち，q と p は確率的にしか定まらない．さらに，演算子としての $\hat{q}$ と $\hat{p}$ は非可換であるため，$\sigma(q)$ と $\sigma(p)$ の間には不確定性関係 (3.55) が成立する．量子状態 $|\phi\rangle$ にある系を座標 q に見出す**確率密度** (probability density) は $|\langle q|\phi\rangle|^2 = |\psi_\phi(q)|^2$，運動量 p に見出す確率密度は $|\langle p|\phi\rangle|^2 = |\varphi_\phi(p)|^2$ で与えられ，これらは規格化条件

$$\int_{-\infty}^{\infty} |\psi_\phi(q)|^2 dq = \int_{-\infty}^{\infty} |\varphi_\phi(p)|^2 dp = 1 \tag{3.83}$$

を満たす[13]．では，系を位相空間上の点 (q,p) に見出す**結合確率密度** (joint probability density) はどうだろうか．結合確率密度を $w(q,p)$ $(w(q,p) \geq 0)$ とおくと，定義により，それは次を満たすべきである．

$$\int_{-\infty}^{\infty} w(q,p) dp = |\psi_\phi(q)|^2 \tag{3.84}$$

$$\int_{-\infty}^{\infty} w(q,p) dq = |\varphi_\phi(p)|^2 \tag{3.85}$$

すなわち，q や p に関する確率密度 $|\psi_\phi(q)|^2$ および $|\varphi_\phi(p)|^2$ は，結合確率密度 $w(q,p)$ の**周辺分布** (marginal distribution) として与えられる．これらと式

---

[12] 式 (3.82) の右辺の $\psi_n(p)$ は，$|n\rangle$ の q 表示での波動関数 $\psi_n(q)$ の変数 q を p に置き換えた関数を表す．
[13] $|\psi_\phi(q)|^2$, $|\varphi_\phi(p)|^2$ は $(-\infty, \infty)$ において積分可能であることを仮定する．

(3.83) から

$$\iint_{-\infty}^{\infty} w(q,p)dqdp = 1 \tag{3.86}$$

が成り立つ．いま，式 (3.81) より

$$\begin{aligned}
|\varphi_\phi(p)|^2 &= \frac{1}{2\pi}\int_{-\infty}^{\infty} dq'\, e^{-ipq'}\psi_\phi(q')\int_{-\infty}^{\infty} dq''\, e^{ipq''}\psi_\phi^*(q'')\\
&= \frac{1}{2\pi}\int_{-\infty}^{\infty} dq'\int_{-\infty}^{\infty} dq''\, e^{-ip(q'-q'')}\psi_\phi(q')\psi_\phi^*(q'')\\
&= \frac{1}{2\pi}\int_{-\infty}^{\infty} dq\int_{-\infty}^{\infty} d\tau\, e^{-ip\tau}\psi_\phi\left(q+\frac{\tau}{2}\right)\psi_\phi^*\left(q-\frac{\tau}{2}\right)
\end{aligned} \tag{3.87}$$

を得る．最後の変形で，$q' = q+\frac{\tau}{2}, q'' = q-\frac{\tau}{2}$ とおいた．ここで，

$$W(q,p) = \frac{1}{2\pi}\int_{-\infty}^{\infty} d\tau\, e^{-ip\tau}\psi_\phi\left(q+\frac{\tau}{2}\right)\psi_\phi^*\left(q-\frac{\tau}{2}\right) \tag{3.88}$$

$$= \frac{1}{2\pi}\int_{-\infty}^{\infty} d\tau\, e^{-ip\tau}\left\langle q+\frac{\tau}{2}\Big|\phi\right\rangle\left\langle\phi\Big|q-\frac{\tau}{2}\right\rangle \tag{3.89}$$

と定義しよう．$W(q,p)$ を，**ウィグナー関数** (Wigner function) という[14]．すると，

$$|\varphi_\phi(p)|^2 = \int_{-\infty}^{\infty} W(q,p)dq \tag{3.90}$$

である．また，式 (3.87) は

$$\begin{aligned}
|\varphi_\phi(p)|^2 &= \frac{1}{2\pi}\int_{-\infty}^{\infty} d\tau\, e^{-ip\tau}\int_{-\infty}^{\infty} dq\,\psi_\phi\left(q+\frac{\tau}{2}\right)\psi_\phi^*\left(q-\frac{\tau}{2}\right)\\
&= \frac{1}{2\pi}\int_{-\infty}^{\infty} d\tau\, e^{-ip\tau}\left\langle\psi_\phi\left(q+\frac{\tau}{2}\right)\psi_\phi^*\left(q-\frac{\tau}{2}\right)\right\rangle
\end{aligned} \tag{3.91}$$

とも変形でき，これは，パワースペクトル $|\varphi_\phi(p)|^2$ と自己相関関数 $\langle...\rangle$ との間のフーリエ変換の関係，すなわち**ウィーナー・ヒンチンの定理** (Wiener-Khinchine theorem) に他ならない[15]．つまり，ウィグナー関数は，ウィーナー・ヒンチンの定理において自己相関関数を求める（q について積分する）代わりに τ につ

---
[14] τ についての対称性より，$W(q,p)$ は実数である．
[15] ここでは，自己相関関数が τ について対称な形で記述されている．

いての積分を先に行ったものと見なすことができる．さて，$W(q,p) = w(q,p)$ と見なせば，式 (3.85) が満たされることは明らかである．また，

$$\int_{-\infty}^{\infty} W(q,p) dp = \frac{1}{2\pi} \int_{-\infty}^{\infty} d\tau \int_{-\infty}^{\infty} dp e^{-ip\tau} \psi_\phi\left(q+\frac{\tau}{2}\right) \psi_\phi^*\left(q-\frac{\tau}{2}\right)$$
$$= \int_{-\infty}^{\infty} d\tau\, \delta(\tau) \psi_\phi\left(q+\frac{\tau}{2}\right) \psi_\phi^*\left(q-\frac{\tau}{2}\right)$$
$$= \psi_\phi(q)\psi_\phi^*(q) = |\psi_\phi(q)|^2 \tag{3.92}$$

となって，式 (3.84) も満たされる．すなわち，$W(q,p)$ は結合確率密度と見なされる要件を満たしている．ただし，すぐに例示するように，$W(q,p)$ は負となる場合があり，$w(q,p) \geq 0$ となるべき古典的な結合確率密度とは異なる．逆に，量子状態では古典的結合確率密度を定義できない場合があるのである．これは，2 つの非可換な物理量の間には不確定性関係 (3.54) が存在し，一般に，両者を同時に決定することはできないことに由来する．このような理由で，$W(q,p)$ は，擬結合確率密度とも呼ばれる．

真空状態 $\psi_0(q) = \pi^{-1/4} e^{-q^2/2}$ のウィグナー関数は，

$$W(q,p) = \frac{1}{2\pi\sqrt{\pi}} \int_{-\infty}^{\infty} d\tau\, e^{-ip\tau} e^{-q^2} e^{-\tau^2/4}$$
$$= \frac{1}{\pi} e^{-q^2-p^2} \tag{3.93}$$

となり，原点を中心とする等方的で正の値をもつガウス型である．図 3.4(a) および図 3.5(a) に，真空状態 $|0\rangle$ および個数状態 $|1\rangle$ におけるウィグナー関数を示す．個数状態 $|1\rangle$ のウィグナー関数が原点付近で負の値となっていることがわかる．前述したように，擬結合確率密度であるウィグナー関数が負の値をとることは，非古典的な量子状態を特徴づける性質のひとつである．その意味で，個数状態（$|0\rangle$ を除く）とは非古典的な状態なのである．

また，個数状態（真空状態を含む）において，q および p の期待値が時間によらず一定であったことからもわかるように，それらの確率密度およびウィグナー関数も時間によらず定常である．図 3.4(b) および図 3.5(b) に，真空状態 $|0\rangle$ および個数状態 $|1\rangle$ における q の確率密度 $|\psi_n(q)|^2$ の時間変化を示す．どちら

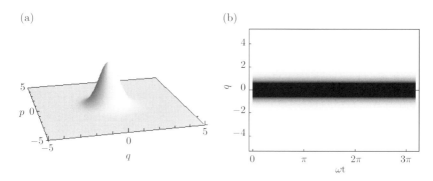

図 **3.4** 真空状態 $|0\rangle$ の (a) ウィグナー関数,および (b) q の確率密度の時間変化.

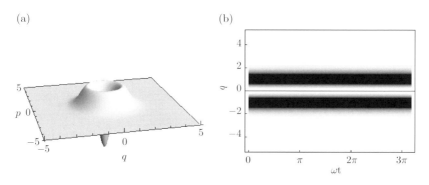

図 **3.5** 個数状態 $|1\rangle$ の (a) ウィグナー関数,および (b) q の確率密度の時間変化.

においても,q の確率密度が時間によらず一定で,その平均が 0 にあることがわかる.

3.5　古典的運動とコヒーレント状態

3.3 節で,個数状態は古典的運動を表す状態ではないことを述べた.逆に言うと,古典的運動を表すような量子状態があるとすれば,それは 2 つ以上の個数状態の何らかの線形結合(重ね合わせ)となっているはずである.ここで,古典的な振動運動に対応した量子状態として,グラウバー (R. Glauber) によって考

案された**コヒーレント状態** (coherent state) を導入しよう．コヒーレント状態 $|\alpha\rangle$ は，消滅演算子 $\hat{a}$ の固有状態

$$\hat{a}|\alpha\rangle = \alpha|\alpha\rangle \tag{3.94}$$

として定義される．ここで，α は複素数の固有値である．また，$|\alpha\rangle$ は規格化されている：

$$\langle\alpha|\alpha\rangle = 1 \tag{3.95}$$

コヒーレント状態に対する $\hat{a}$, $\hat{a}^\dagger$ および $\hat{n} = \hat{a}^\dagger\hat{a}$ の期待値は，

$$\langle\alpha|\hat{a}|\alpha\rangle = \alpha \tag{3.96}$$

$$\langle\alpha|\hat{a}^\dagger|\alpha\rangle = \alpha^* \tag{3.97}$$

$$\langle\alpha|\hat{n}|\alpha\rangle = |\alpha|^2 \tag{3.98}$$

である．ここで，式 (3.94) およびその共役 $\langle\alpha|\hat{a}^\dagger = \alpha^*\langle\alpha|$ を用いた．上式および式 (3.47) および式 (3.48) から，コヒーレント状態に対する q と p の期待値は

$$\langle\alpha|\hat{q}(t)|\alpha\rangle = \frac{1}{\sqrt{2}}(\alpha e^{-i\omega t} + \alpha^* e^{i\omega t}) = \sqrt{2}\mathrm{Re}\,(\alpha e^{-i\omega t}) \tag{3.99}$$

$$\langle\alpha|\hat{p}(t)|\alpha\rangle = \frac{1}{\sqrt{2}i}(\alpha e^{-i\omega t} - \alpha^* e^{i\omega t}) = \sqrt{2}\mathrm{Im}\,(\alpha e^{-i\omega t}) \tag{3.100}$$

となる．すなわち，q および p の期待値は振幅 $\sqrt{2}\alpha$ で時間的に振動し，位相空間上で円運動を行うことがわかる．これらは $Q = \sqrt{\hbar}q$ および $P = \sqrt{\hbar}p$ の古典的運動 (3.10), (3.11) と対応している．

また，そのときの q および p のゆらぎ（不確定性）は，

$$\sigma(q)^2 = \langle\alpha|\hat{q}(t)^2|\alpha\rangle - \langle\alpha|\hat{q}(t)|\alpha\rangle^2 = \frac{1}{2} \tag{3.101}$$

$$\sigma(p)^2 = \langle\alpha|\hat{p}(t)^2|\alpha\rangle - \langle\alpha|\hat{p}(t)|\alpha\rangle^2 = \frac{1}{2} \tag{3.102}$$

となり，振幅や時間によらず一定のゆらぎをもつ．コヒーレント状態における位置および運動量のゆらぎは，真空状態 $|0\rangle$ におけるそれと同じ量となり（式

(3.52), (3.53) 参照). 最小不確定性関係にあることがわかる. すなわち, コヒーレント状態とは古典的振動運動に対応した量子状態であって, $\sqrt{2}\alpha$ は q, p の複素振幅に対応し, それらのゆらぎは最小不確定性関係にある.

ここで, コヒーレント状態 $|\alpha\rangle$ を個数状態 $|n\rangle$ の線形結合で表しておこう.

$$|\alpha\rangle = \sum_n c_n |n\rangle \tag{3.103}$$

とすると,

$$c_n = \langle n|\alpha\rangle = \frac{1}{\sqrt{n!}}\langle 0|\hat{a}^n|\alpha\rangle = \frac{\alpha^n}{\sqrt{n!}}\langle 0|\alpha\rangle \tag{3.104}$$

を得る. ここで, 式 (3.32) および式 (3.94) を用いた. また, $\sum_n |c_n|^2 = 1$ より

$$\sum_n |c_n|^2 = |\langle 0|\alpha\rangle|^2 \sum_n \frac{|\alpha|^{2n}}{n!} = |\langle 0|\alpha\rangle|^2 e^{|\alpha|^2} = 1 \tag{3.105}$$

したがって, $c_0 = \langle 0|\alpha\rangle$ を正にとると,

$$c_n = e^{-|\alpha|^2/2} \frac{\alpha^n}{\sqrt{n!}} \tag{3.106}$$

$$|\alpha\rangle = e^{-|\alpha|^2/2} \sum_n \frac{\alpha^n}{\sqrt{n!}} |n\rangle \tag{3.107}$$

を得る. また,

$$|c_n|^2 = \frac{|\alpha|^{2n}}{n!} e^{-|\alpha|^2} \tag{3.108}$$

は平均値 $|\alpha|^2$ のポアソン分布を表す. すなわち, コヒーレント状態を個数状態 $|n\rangle$ に見出す確率はポアソン分布 (3.108) となることがわかる.

さらに,

$$|\alpha\rangle = e^{-|\alpha|^2/2} \sum_n \frac{\alpha^n}{\sqrt{n!}} |n\rangle \tag{3.109}$$

$$= e^{-|\alpha|^2/2} \sum_n \frac{(\alpha \hat{a}^\dagger)^n}{n!} |0\rangle \tag{3.110}$$

$$= e^{-|\alpha|^2/2} e^{\alpha \hat{a}^\dagger} |0\rangle \tag{3.111}$$

$$= e^{-|\alpha|^2/2} e^{\alpha \hat{a}^\dagger} e^{-\alpha^* \hat{a}} |0\rangle \tag{3.112}$$

$$= e^{\alpha \hat{a}^\dagger - \alpha^* \hat{a}} |0\rangle = \hat{S}(\alpha)|0\rangle \tag{3.113}$$

と表すこともできる [16]．真空状態 $|0\rangle$ をコヒーレント状態 $|\alpha\rangle$ に変換するユニタリ演算子 $\hat{S}(\alpha) \equiv e^{\alpha \hat{a}^\dagger - \alpha^* \hat{a}}$ を**変位演算子** (displacement operator) という．座標表示での $\hat{S}(\alpha)$ の効果を調べてみよう．$\sqrt{2}\alpha = \xi + i\eta$（$\xi, \eta$ は実数）とおき，

$$\hat{S}(\alpha) = e^{i\eta \hat{q} - i\xi \hat{p}}$$
$$= e^{-i\xi \eta/2} e^{i\eta \hat{q}} e^{-i\xi \hat{p}} \tag{3.114}$$

と変形すると，任意の波動関数 $\psi_\phi(q)$ に対して $\hat{S}(\alpha)$ を作用させた結果は

$$\psi'_\phi(q) = e^{-i\xi \eta/2} e^{i\eta q} e^{-\xi \frac{d}{dq}} \psi_\phi(q)$$
$$= e^{-i\xi \eta/2} e^{i\eta q} \psi_\phi(q - \xi) \tag{3.115}$$

であるから，ウィグナー関数は

$$W'(q,p) = \frac{1}{2\pi} \int_{-\infty}^\infty d\tau\, e^{-ip\tau} \psi'_\phi\left(q + \frac{\tau}{2}\right) \psi'^{*}_\phi\left(q - \frac{\tau}{2}\right)$$
$$= \frac{1}{2\pi} \int_{-\infty}^\infty d\tau\, e^{-i(p-\eta)\tau} \psi_\phi\left(q + \frac{\tau}{2} - \xi\right) \psi^*_\phi\left(q - \frac{\tau}{2} - \xi\right)$$
$$= W(q - \xi, p - \eta) \tag{3.116}$$

となる．したがって，変位演算子 $\hat{S}(\alpha)$ の効果は，(q, p) 位相空間上でウィグナー関数を $\sqrt{2}(\mathrm{Re}\,\alpha, \mathrm{Im}\,\alpha)$（複素振幅 $\sqrt{2}\alpha$）だけ平行移動することに相当する．真空状態 $|0\rangle$ のウィグナー関数は，式 (3.93) で与えたように原点を中心としたガウス型であるから，コヒーレント状態 $|\alpha\rangle$ のウィグナー関数は，複素振幅 $\sqrt{2}\alpha$ を中心としたガウス型となる（図 3.6）．また，$|\alpha\rangle$ の時間発展は

$$e^{-i\hat{H}t/\hbar}|\alpha\rangle = e^{-|\alpha|^2/2} \sum_n \frac{\alpha^n}{\sqrt{n!}} e^{-i(n+\frac{1}{2})\omega t} |n\rangle$$
$$= e^{-i\omega t/2} e^{-|\alpha|^2/2} \sum_n \frac{(\alpha e^{-i\omega t})^n}{\sqrt{n!}} |n\rangle$$

---

[16] 最後の変形で，$e^{\hat{A}} e^{\hat{B}} = e^{\hat{A}+\hat{B}} e^{[\hat{A},\hat{B}]/2}$ を用いた．ただし，$[\hat{A},[\hat{A},\hat{B}]] = [\hat{B},[\hat{A},\hat{B}]] = 0$.

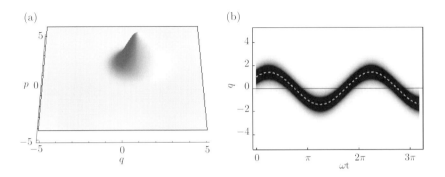

図 3.6 コヒーレント状態 $|\alpha\rangle$ ($\alpha = e^{i\pi/4}$) の (a) ウィグナー関数,および (b) q の確率密度の時間変化.(b) の破線は q の期待値の時間変化.

$$= e^{-i\omega t/2}|\alpha e^{-i\omega t}\rangle \tag{3.117}$$

となるから,そのウィグナー関数の中心は複素振幅 $\sqrt{2}\alpha e^{-i\omega t}$ にあり,位相空間上を角速度 ω で時計回りに回転する.その結果,図 3.6(b) に示すように,q の確率密度およびその期待値 (3.99) は時間とともに振動する.

コヒーレント状態 (3.107) がそうだったように,位置 q や運動量 p が振動するような状態は個数状態の重ね合わせで表される.そこで,真空状態 $|0\rangle$ と $n = 1$ の個数状態 $|1\rangle$ との簡単な重ね合わせ状態

$$|\theta\rangle = \frac{1}{\sqrt{2}}(|0\rangle + e^{i\theta}|1\rangle) \tag{3.118}$$

を考えてみよう.すると,

$$\langle\theta|\hat{q}(t)|\theta\rangle = \frac{1}{\sqrt{2}}\operatorname{Re} e^{i(\theta-\omega t)} \tag{3.119}$$

$$\langle\theta|\hat{p}(t)|\theta\rangle = \frac{1}{\sqrt{2}}\operatorname{Im} e^{i(\theta-\omega t)} \tag{3.120}$$

となって,$|\theta\rangle$ も角速度 ω で振動する状態を表すことがわかる.図 3.7 に,$|\theta\rangle$ のウィグナー関数および q の確率密度の時間変化を示す.

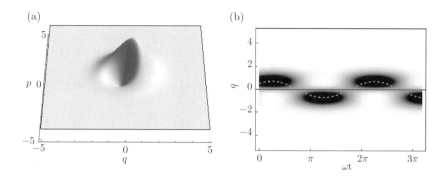

図 3.7 $|0\rangle$ と $|1\rangle$ の重ね合わせ状態 $|\theta\rangle$ ($\theta = \pi/4$) の (a) ウィグナー関数,および (b) q の確率密度の時間変化.(b) の破線は q の期待値の時間変化.

3.6　2次元調和振動子

　ここまでは 1 次元の調和振動子を扱ってきた.本節では,それを 2 次元の調和振動子に拡張する.2 次元調和振動子は振動方向として 2 つの自由度をもち,その状態は,2.3 節で述べた偏光の状態と密接に関連している.

　以下では,振動子の古典的振動数 ω は振動方向によらないものとし,1 次元ポテンシャル (3.1) の代わりに,等方的な 2 次元調和振動子ポテンシャル

$$V(x, y) = \frac{1}{2} m\omega^2 (x^2 + y^2) \tag{3.121}$$

を考える.3.2 節で 1 次元調和振動子を量子化した場合と同様に,その正準共役な座標および運動量演算子として $\hat{Q}_1, \hat{Q}_2$ および $\hat{P}_1, \hat{P}_2$ を導入する.ここで,添字 $j = 1, 2$ は互いに直交する振動モード(以下では**基準モード** (normal mode) という)を区別する.等方的なポテンシャルの場合,これらの基準モードは,例えば x 方向および y 方向の振動 $\hat{Q}_x, \hat{Q}_y$ でもよいし,$\pm 45°$ 方向の振動などでもよい.

　このとき,交換関係は

$$[\hat{Q}_j, \hat{P}_k] = i\hbar \delta_{jk} \tag{3.122}$$

であり，ハミルトニアンは

$$\hat{H} = \frac{\omega}{2} \sum_{j=1}^{2} \left(\hat{P}_j^2 + \hat{Q}_j^2 \right) \tag{3.123}$$

である．1次元の場合と同様に，演算子

$$\hat{q}_j = \frac{\hat{Q}_j}{\sqrt{\hbar}}, \quad \hat{p}_j = \frac{\hat{P}_j}{\sqrt{\hbar}} \tag{3.124}$$

$$[\hat{q}_j, \hat{p}_k] = i\delta_{jk} \tag{3.125}$$

および

$$\hat{a}_j = \frac{1}{\sqrt{2}} \left(\hat{q}_j + i\hat{p}_j \right) \tag{3.126}$$

$$\hat{a}_j^\dagger = \frac{1}{\sqrt{2}} \left(\hat{q}_j - i\hat{p}_j \right) \tag{3.127}$$

$$[\hat{a}_j, \hat{a}_k^\dagger] = \delta_{jk} \tag{3.128}$$

を導入すると，

$$\hat{H} = \hat{H}_1 + \hat{H}_2 = \hbar\omega(\hat{n} + 1) \tag{3.129}$$

$$\hat{H}_j = \hbar\omega \left(\hat{n}_j + \frac{1}{2} \right) \tag{3.130}$$

を得る．ここで，

$$\hat{n}_j = \hat{a}_j^\dagger \hat{a}_j \tag{3.131}$$

$$\hat{n} = \hat{n}_1 + \hat{n}_2 \tag{3.132}$$

である．$[\hat{n}, \hat{n}_j] = 0$ なので，$\hat{n}$（および $\hat{H}$）と $\hat{n}_j$ は同時固有状態をもつ．$\hat{n}, \hat{n}_1, \hat{n}_2$ の固有値を n, n_1, n_2 とし，その同時固有状態を $|n_1, n_2\rangle$ と書くとき，それらを n で分類すると，

$$\begin{array}{ll} n & |n_1, n_2\rangle \\ 0 & |0, 0\rangle \\ 1 & |1, 0\rangle, |0, 1\rangle \\ 2 & |2, 0\rangle, |1, 1\rangle, |0, 2\rangle \\ & \cdots \end{array} \tag{3.133}$$

となって，n に属する固有状態は $n+1$ 重に縮退している．

2 次元系では，1 次元系にはない特徴として，**角運動量** (angular momentum) を定義することができる．2 次元系での古典的角運動量は $L = Q_x P_y - Q_y P_x$ で与えられる．ここで，$\hat{q}_1 = \hat{q}_x, \hat{q}_2 = \hat{q}_y$ とし，角運動量演算子を $\hat{l}$ を

$$\hat{l} = (\hat{q}_x \hat{p}_y - \hat{q}_y \hat{p}_x) \tag{3.134}$$

$$= -i(\hat{a}_x^\dagger \hat{a}_y - \hat{a}_x \hat{a}_y^\dagger) \tag{3.135}$$

と定義しよう [17]．すると，

$$[\hat{n}, \hat{l}] = 0 \tag{3.136}$$

を得るので，$\hat{n}$ と $\hat{l}$ の同時固有状態が存在する．いま，新しい演算子

$$\hat{a}_\pm = \frac{1}{\sqrt{2}}(\hat{a}_x \mp i\hat{a}_y), \quad \hat{a}_\pm^\dagger = \frac{1}{\sqrt{2}}(\hat{a}_x^\dagger \pm i\hat{a}_y^\dagger), \quad \hat{n}_\pm = \hat{a}_\pm^\dagger \hat{a}_\pm \tag{3.137}$$

を定義すると，$\hat{a}_\pm, \hat{a}_\pm^\dagger$ は式 (3.128) の交換関係を満たし，

$$\hat{n} = \hat{n}_+ + \hat{n}_- \tag{3.138}$$

$$\hat{l} = \hat{n}_+ - \hat{n}_- \tag{3.139}$$

である．式 (3.132), (3.138) および $[\hat{n}, \hat{n}_\pm] = 0$ であることから，式 (3.133) の n_1, n_2 として n_+, n_- を用いてもよい．このとき，式 (3.139) から，同じ n に属する $\hat{l}$ の固有値は $l = |n|, |n|-2, ..., -|n|$ の $n+1$ 個であることがわかる．

角運動量演算子 $\hat{l}$ が $\hat{n}_\pm$ の差で表されることから，$\hat{n}_\pm$ は各々左右回りの回転運動に関する基準モードの個数演算子と見なせる．また，2.3 節で述べたストークスパラメータ (2.51) と関連して，**ストークス演算子** (Stokes operators) $\hat{s}_0 \sim \hat{s}_3$ を以下のように定義する．

$$\hat{s}_0 = \hat{a}_x^\dagger \hat{a}_x + \hat{a}_y^\dagger \hat{a}_y = \hat{n} \tag{3.140}$$

$$\hat{s}_1 = \hat{a}_x^\dagger \hat{a}_x - \hat{a}_y^\dagger \hat{a}_y \tag{3.141}$$

---

[17] 古典的角運動量 L に対応する演算子は $\hat{L} = \hbar \hat{l}$ である．

$$\hat{s}_2 = \hat{a}_x^\dagger \hat{a}_y + \hat{a}_x \hat{a}_y^\dagger \tag{3.142}$$

$$\hat{s}_3 = -i(\hat{a}_x^\dagger \hat{a}_y - \hat{a}_x \hat{a}_y^\dagger) = \hat{l} \tag{3.143}$$

偏光におけるストークスパラメータの場合と同様に，これらは次のような意味をもつ．$\hat{s}_0$ は 2 つの基準モードの個数演算子の和，$\hat{s}_1$ は x $(0°)$ 方向と y $(90°)$ 方向の基準モードの個数演算子の差，$\hat{s}_2$ は $\pm 45°$ 方向の基準モードの個数演算子の差，$\hat{s}_3$ は式 (3.139) で示したように，左右回りの基準モードの個数演算子の差である．ここで，$\pm 45°$ 方向の基準モードの演算子は

$$\hat{a}_{\pm D} = \frac{1}{\sqrt{2}}(\hat{a}_x \pm \hat{a}_y), \quad \hat{a}_{\pm D}^\dagger = \frac{1}{\sqrt{2}}(\hat{a}_x^\dagger \pm \hat{a}_y^\dagger) \tag{3.144}$$

で与えられる．また，ストークス演算子は，次の交換関係

$$[\hat{s}_0, \hat{s}_1] = [\hat{s}_0, \hat{s}_2] = [\hat{s}_0, \hat{s}_3] = 0, \tag{3.145}$$

$$[\hat{s}_1, \hat{s}_2] = 2i\hat{s}_3, \ [\hat{s}_2, \hat{s}_3] = 2i\hat{s}_1, \ [\hat{s}_3, \hat{s}_1] = 2i\hat{s}_2 \tag{3.146}$$

を満たす[18]．すなわち，ストークス演算子は式 (2.53) のパウリ行列 $\sigma_0 \sim \sigma_3$ と同じ交換関係をもち，角運動量成分と関係づけられている．

このように，ストークス演算子は，2 次元調和振動子の振動あるいは回転の偏向（偏極）方向を表す演算子であり，その期待値が古典的ストークスパラメータに対応する．ストークス演算子は，後に，量子化した偏光状態を表す演算子として再び登場する．

---

[18] 式 (3.146) より，$\hat{s}_j/2$ (j=1,2,3) は一般化された角運動量としての交換関係を満たす．

第4章 光の量子化

調和振動子を用いた準備体操が終わったので，いよいよ光すなわち電磁場の量子化に移ろう．電磁場の量子化を本格的に行う際には，ベクトルポテンシャルの波動方程式から始め，正準共役な振幅（座標）と運動量を求めてそれらを量子化する手続きを経るのが本来の方法である．しかしここでは，第2章で述べた古典的電磁場の振動的伝搬と第3章で述べた調和振動子との密接な類似を利用して，調和振動子の量子化の手続きを電磁場の場合へ応用することにしよう．手続きを簡略化した方法ではあるが，量子化の本質は調和振動子の章ですでに述べたそれと同じである．量子化を完了した後，光のさまざまな量子状態およびその性質を調べていくが，そこでも調和振動子の量子状態との密接な類似を見るであろう．

4.1　電磁場の量子化

一様な媒質中を伝搬する電磁場は複素数表示 (2.18), (2.19) あるいはそれらの実部 (2.20), (2.21) で与えられる．E と H には式 (2.30) の関係があるから，どちらか一方について考えれば十分であり，以後しばらくは電場について考える．出発点は，特定の波数 k をもつ平面波の電場 (2.18) である．また，2.3 節で述べたように，電場の振動（偏光）方向は，k と垂直な2次元面内に自由度をもつ．したがって，特定の波数 k をもつ平面波の特定方向への振動（偏光）成分 ($j=1$ or 2) はスカラー量 $E_{k,j}$ として書くことができる．以後，必要でない限り，$E_{k,j}$ を単に E と書くことにしよう．すなわち，

$$E = E_0 e^{i(\bm{k}\cdot\bm{r}-\omega t)} \tag{4.1}$$

である.さて,$r=0$ での電場 E の時間変化は

$$E = E_0 e^{-i\omega t} \tag{4.2}$$

となる.その実部および虚部を E_r, E_i とすれば

$$E_r = \mathrm{Re}\, E = \frac{1}{2}(E_0 e^{-i\omega t} + E_0^* e^{i\omega t}) \tag{4.3}$$

$$E_i = \mathrm{Im}\, E = \frac{1}{2i}(E_0 e^{-i\omega t} - E_0^* e^{i\omega t}) \tag{4.4}$$

であり,E は複素平面上で円運動をする.これは,調和振動子における座標 q と運動量 p の位相空間上での運動 (3.10), (3.11) と同形である.

また,式 (2.32) より,この電磁場がもつ空間のエネルギー密度は

$$U = \frac{\epsilon}{2}|E_0|^2 = \frac{\epsilon}{2}|E|^2 = \frac{\epsilon}{2}\left(E_r^2 + E_i^2\right) \tag{4.5}$$

となるから,体積 V 中の電磁波のエネルギー H は

$$H = \frac{\epsilon V}{2}\left(E_r^2 + E_i^2\right) \tag{4.6}$$

と書ける.いま,

$$E_r = \sqrt{\frac{\omega}{\epsilon V}}Q, \quad E_i = \sqrt{\frac{\omega}{\epsilon V}}P \tag{4.7}$$

とおいてみると [1)]

$$H = \frac{\omega}{2}\left(P^2 + Q^2\right) \tag{4.8}$$

となって,調和振動子のハミルトニアンと同形となる.

このように,電場の複素振幅を式 (4.7) とおくことによって,その実部および虚部を調和振動子における P, Q と対応させた.したがって後は,調和振動子の量子化と同じ手続きを踏めばよいことになる.

[1)] ベクトルポテンシャル $\boldsymbol{A}$ の正準共役な物理量を各々 Q, P に対応づける伝統的記法と合致させるためには,$E_r = -\sqrt{\frac{\omega}{\epsilon V}}P, E_i = \sqrt{\frac{\omega}{\epsilon V}}Q$ とすればよい.

まず，調和振動子の場合と同様に，交換関係

$$[\hat{Q}, \hat{P}] = i\hbar \tag{4.9}$$

を要請することによって，古典的物理量 Q, P を演算子 $\hat{Q}, \hat{P}$ に対応させる．そして

$$\hat{q} = \frac{\hat{Q}}{\sqrt{\hbar}}, \quad \hat{p} = \frac{\hat{P}}{\sqrt{\hbar}} \tag{4.10}$$

とおく．次に，式 (3.18), (3.19) と同じく，消滅・生成演算子

$$\hat{a} = \frac{1}{\sqrt{2}}(\hat{q} + i\hat{p}), \quad \hat{a}^\dagger = \frac{1}{\sqrt{2}}(\hat{q} - i\hat{p}) \tag{4.11}$$

を再び導入する．これらを**場の演算子**と呼ぼう．ここで，

$$[\hat{a}, \hat{a}^\dagger] = 1 \tag{4.12}$$

である．すると，ハミルトニアンは

$$\hat{H} = \hbar\omega\left(\hat{a}^\dagger\hat{a} + \frac{1}{2}\right) = \hbar\omega\left(\hat{n} + \frac{1}{2}\right) \tag{4.13}$$

となって，再び式 (3.21) と同形となる．

式 (4.7) との対応により，電場の実部および虚部に対応するエルミート演算子を

$$\hat{E}_r = \sqrt{\frac{\omega}{\epsilon V}}\hat{Q} = \sqrt{\frac{\hbar\omega}{\epsilon V}}\hat{q} = \sqrt{\frac{\hbar\omega}{2\epsilon V}}(\hat{a} + \hat{a}^\dagger) \tag{4.14}$$

$$\hat{E}_i = \sqrt{\frac{\omega}{\epsilon V}}\hat{P} = \sqrt{\frac{\hbar\omega}{\epsilon V}}\hat{p} = \frac{1}{i}\sqrt{\frac{\hbar\omega}{2\epsilon V}}(\hat{a} - \hat{a}^\dagger) \tag{4.15}$$

と定義する[2]．これらの演算子の時間変化は，式 (3.45)–(3.48) を用いて

$$\hat{E}_r(t) = \sqrt{\frac{\hbar\omega}{\epsilon V}}\hat{q}(t) = \sqrt{\frac{\hbar\omega}{2\epsilon V}}(\hat{a}e^{-i\omega t} + \hat{a}^\dagger e^{i\omega t}) \tag{4.16}$$

---

[2] 式 (4.7) の脚注で述べた記法に合致させるためには，$\hat{a}$ を $i\hat{a}$ に，$\hat{a}^\dagger$ を $-i\hat{a}^\dagger$ に各々置き換えればよい．

$$\hat{E}_i(t) = \sqrt{\frac{\hbar\omega}{\epsilon V}}\hat{p}(t) = \frac{1}{i}\sqrt{\frac{\hbar\omega}{2\epsilon V}}(\hat{a}e^{-i\omega t} - \hat{a}^\dagger e^{i\omega t}) \tag{4.17}$$

となる.すなわち,電場の実部および虚部の演算子は $\hat{q}$ および $\hat{p}$ に比例しており,電場に関する種々の物理量を求めることは, $\hat{q}$ および $\hat{p}$ に関するそれらを求めることと同等である.

古典的光強度は,式 (2.34) あるいは式 (2.35) で与えられていた.式 (2.34) の中の電場を演算子で置き換えると,

$$\begin{aligned} I &= \frac{1}{2}\sqrt{\epsilon/\mu}(\hat{E}_r^2 + \hat{E}_i^2) \\ &= \frac{\hbar\omega v}{2V}(\hat{a}^\dagger\hat{a} + \hat{a}\hat{a}^\dagger) \\ &= \frac{\hbar\omega v}{V}\left(\hat{a}^\dagger\hat{a} + \frac{1}{2}\right) \end{aligned} \tag{4.18}$$

となる.ここで, $v = 1/\sqrt{\epsilon\mu}$ は(媒質中の)光速であり,真空中の場合には $v = 1/\sqrt{\epsilon_0\mu_0} = c$ である.最後の式の第 2 項は真空ゆらぎによる定数項であり,通常の光強度の測定には寄与しない[3]. 式 (4.18) から定数項を除いた

$$\begin{aligned} \hat{I} &= \frac{\hbar\omega v}{V}\hat{a}^\dagger\hat{a} \\ &= \frac{\hbar\omega v}{V}\hat{n} \end{aligned} \tag{4.19}$$

を**強度演算子** (intensity operator) といい,**光強度**(単位面積を単位時間内に流れるエネルギー,ただし真空ゆらぎの寄与を除く)の量子的表現である.

4.2 　真空状態と光子数状態

量子化した電磁場のハミルトニアンは式 (4.13) で与えられる.この固有状態は,調和振動子を量子化した際にすでに求めた個数状態 (3.22) である.個数状態 $|n\rangle$ は,量子化した電磁場のエネルギー固有状態であり,場にエネルギー量子の数が n 個存在する状態である.電磁波のエネルギー量子を**光子** (photon),

---
[3] 通常用いられる光検出器は光吸収型であり,光子数に比例した出力を与える.

4.2 真空状態と光子数状態

個数状態を**光子数状態** (photon number state) または**フォック状態** (Fock state) とも呼ぶ．特に，光子数 0 の状態 $|0\rangle$ を，**真空状態** (vacuum state) という．

光子数状態の性質は調和振動子のところですでに調べているが，改めてまとめておこう．

$$\hat{n}|n\rangle = n|n\rangle \tag{4.20}$$

$$|n\rangle = \frac{1}{\sqrt{n!}}(\hat{a}^\dagger)^n|0\rangle \tag{4.21}$$

$$\langle n|n'\rangle = \delta_{nn'} \tag{4.22}$$

$$\hat{a}|0\rangle = 0 \tag{4.23}$$

$$\hat{a}|n\rangle = \sqrt{n}\,|n-1\rangle \quad (n \geq 1) \tag{4.24}$$

$$\hat{a}^\dagger|n\rangle = \sqrt{n+1}\,|n+1\rangle \tag{4.25}$$

また，光子数状態は完全系を成し，

$$\sum_n |n\rangle\langle n| = 1 \tag{4.26}$$

を満足する．したがって，任意の状態を光子数状態の線形結合として表すことができる．

光子数状態 $|n\rangle$ は個数演算子 $\hat{n}$ の固有状態であるから，光子数の期待値はその固有値 n に等しく，そのゆらぎは 0 である．すなわち，

$$\langle \hat{n}\rangle = \langle n|\hat{n}|n\rangle = n \tag{4.27}$$

$$\sigma(n)^2 = \langle n|\hat{n}^2|n\rangle - \langle \hat{n}\rangle^2 = n^2 - n^2 = 0 \tag{4.28}$$

となり，光子数状態は光子数が確定した状態である．

次に，電場の期待値とゆらぎについて調べよう．式 (4.16) により電場の実部 $\hat{E}_r(t)$ は $\hat{q}(t)$ に比例するから，式 (3.50) を用いて，

$$\langle \hat{E}_r(t)\rangle = \sqrt{\frac{\hbar\omega}{\epsilon V}}\langle n|\hat{q}(t)|n\rangle = 0 \tag{4.29}$$

となる.同様に,電場の虚部の期待値も 0 となる.このことは,電場の期待値が時間によらず 0 であることを示すが,電場が恒常的に 0 であることを示しているわけではない.式 (3.52) を利用すると,電場の実部のゆらぎは

$$\sigma(E_r)^2 = \frac{\hbar\omega}{\epsilon V}\sigma(q)^2 = \frac{\hbar\omega}{\epsilon V}\left(n+\frac{1}{2}\right) \tag{4.30}$$

$$\sigma(E_r) = \sqrt{\frac{\hbar\omega}{\epsilon V}\left(n+\frac{1}{2}\right)} \tag{4.31}$$

となって有限の値となることがわかる.電場の虚部のゆらぎも同様である.すなわち,光子数状態の電場はランダムに変動しており,その期待値は 0 となるが,ゆらぎ(平均二乗偏差)は有限の値をとるのである.電場の実部および虚部が各々 q, p に対応していたことを考えると,電場(実部)の分布は座標表示での確率密度 $|\psi(q)|^2$ に対応することがわかる.また,電場の複素振幅の分布は,ウィグナー関数 $W(q,p)$ に対応する(図 3.4 および図 3.5 参照).調和振動子のところで見たように,このような電場のゆらぎは,真空状態 $|0\rangle$ ($n=0$) についても 0 ではなく,量子化された真空場は有限の電場(および磁束密度)のゆらぎ(**零点ゆらぎ**または**真空ゆらぎ**)をもつ.

4.3 コヒーレント状態

上述したように,光子数状態の電場の期待値は時間によらず 0 となる.これは単一モードの古典的電磁波の電場が時間的・空間的に振動する正弦関数で記述されるという性質とは明らかに異なり,光子数状態が古典的電磁波を表すものではないことがわかる.この事情は,3.3 節で述べたように,調和振動子における個数状態が古典的振動運動を表す状態ではないことに対応している.そこで,3.5 節で導入した**コヒーレント状態**を再び考えよう.調和振動子におけるコヒーレント状態が古典的振動運動を表す量子状態であったように,量子化された電磁場においても,コヒーレント状態は古典的電磁波に対応する量子状態になっている.

まず,コヒーレント状態 $|\alpha\rangle$ に対する電場の期待値を求める.式 (4.16), (4.17)

および式 (3.99), (3.100) を用いると

$$\langle \hat{E}_r(t) \rangle = \sqrt{\frac{\hbar\omega}{\epsilon V}} \langle \alpha | \hat{q}(t) | \alpha \rangle = \sqrt{\frac{2\hbar\omega}{\epsilon V}} \operatorname{Re}\left(\alpha e^{-i\omega t}\right) \quad (4.32)$$

$$\langle \hat{E}_i(t) \rangle = \sqrt{\frac{\hbar\omega}{\epsilon V}} \langle \alpha | \hat{p}(t) | \alpha \rangle = \sqrt{\frac{2\hbar\omega}{\epsilon V}} \operatorname{Im}\left(\alpha e^{-i\omega t}\right) \quad (4.33)$$

を得る．すなわち，コヒーレント状態における電場の期待値は古典的な振動電場のそれと一致することがわかる．式 (3.101) を利用すると，電場の実部のゆらぎは

$$\sigma(E_r)^2 = \frac{\hbar\omega}{\epsilon V}\sigma(q)^2 = \frac{\hbar\omega}{2\epsilon V} \quad (4.34)$$

$$\sigma(E_r) = \sqrt{\frac{\hbar\omega}{2\epsilon V}} \quad (4.35)$$

となって，α および時間によらず，有限の値（真空ゆらぎと同じ値）となることがわかる．

また，電場の複素振幅と $\hat{q}, \hat{p}$ との間には式 (4.16), (4.17) の関係があるから，ウィグナー関数 $W(q, p)$ における q, p は電場の実部および虚部に比例する．すなわち，ウィグナー関数は，量子化された電場の複素振幅の擬結合確率密度を表す．3.5 節で見たように，コヒーレント状態 $|\alpha\rangle$ のウィグナー関数は，複素振幅 $\sqrt{2}\alpha$ を中心としたガウス型となる（図 3.6）．

次に，コヒーレント状態における光子数の期待値とゆらぎを求める．光子数の期待値は，

$$\langle \hat{n} \rangle = \langle \alpha | \hat{a}^\dagger \hat{a} | \alpha \rangle = \alpha^* \alpha = |\alpha|^2 \quad (4.36)$$

となり，振幅 $|\alpha|$ の 2 乗で与えられる．ゆらぎは

$$\begin{aligned}
\sigma(n)^2 &= \langle \hat{n}^2 \rangle - \langle \hat{n} \rangle^2 \\
&= \langle \alpha | \hat{a}^\dagger \hat{a} \hat{a}^\dagger \hat{a} | \alpha \rangle - |\alpha|^4 \\
&= \langle \alpha | \hat{a}^\dagger (\hat{a}^\dagger \hat{a} + 1) \hat{a} | \alpha \rangle - |\alpha|^4 \\
&= |\alpha|^4 + |\alpha|^2 - |\alpha|^4
\end{aligned}$$

$$= |\alpha|^2 = \langle \hat{n} \rangle \tag{4.37}$$

$$\sigma(n) = |\alpha| = \sqrt{\langle \hat{n} \rangle} \tag{4.38}$$

となって,ゆらぎの 2 乗が平均光子数に等しくなる.これは,式 (3.108) で述べたポアソン分布の特徴である.ゆらぎの 2 乗と平均光子数との比

$$F = \frac{\sigma(n)^2}{\langle \hat{n} \rangle} \tag{4.39}$$

を **Fano 因子**と呼び,光子数がポアソン分布をする状態では $F = 1$ である.なお,$F > 1$ となる状態をスーパーポアソン分布,$F < 1$ となる状態をサブポアソン分布と呼ぶ.また,コヒーレント状態におけるゆらぎと平均光子数の比は

$$\frac{\sigma(n)}{\langle \hat{n} \rangle} = \frac{1}{|\alpha|} = \sqrt{\frac{1}{\langle \hat{n} \rangle}} \tag{4.40}$$

であり,平均光子数が多くなるほど,すなわち光強度が強くなるほど,その相対的な不確定さが減少することがわかる.

コヒーレント状態を光子数状態の線形結合 (3.103) で表したとき,その中に光子数状態 $|n\rangle$ を見出す確率 $P_n = |c_n|^2$ は平均値 $\langle \hat{n} \rangle$ のポアソン分布 (3.108) となる.図 4.1 に,コヒーレント状態 ($\langle \hat{n} \rangle = |\alpha|^2 = 1, 4, 100$) における光子数分布をプロットした例を示す.$\langle \hat{n} \rangle$ が小さいとき,P_n は非対称な分布を示すが,$\langle \hat{n} \rangle$ が大きいとき,その分布は正規分布に近づくことがわかる.

4.4 純粋状態と混合状態,密度演算子

ここまでの議論では,光の量子状態を状態ベクトル $|\psi\rangle$ を用いて表現した.このように,状態ベクトル(あるいはその線形結合[4])で表される状態を**純粋状態** (pure state) という[5].例えば,2 つの直交する状態ベクトル(基底ベクトル)の線形結合から成る次のような純粋状態を考えよう.

---

[4] 状態ベクトルの線形結合(重ね合わせ)もまた状態ベクトルである.
[5] 初等的量子力学では,系の量子状態は状態ベクトル(あるいはその表現である波動関数)で表されると学ぶことが多く,純粋状態の場合のみを扱っていることになる.

4.4 純粋状態と混合状態，密度演算子

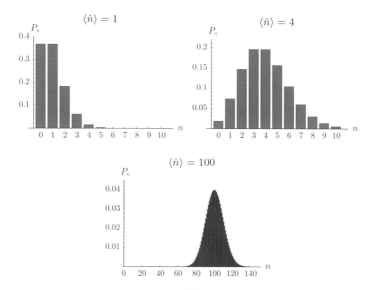

図 4.1 コヒーレント状態における光子数分布.

$$|\psi\rangle = c_1|\psi_1\rangle + c_2|\psi_2\rangle \tag{4.41}$$

ここで，$|c_1|^2 + |c_2|^2 = 1$，$\langle\psi_i|\psi_j\rangle = \delta_{ij}$ である．このとき，線形結合の係数 c_1, c_2 によって，$|\psi_1\rangle$ と $|\psi_2\rangle$ との振幅と位相の関係が定まっている．$|\psi\rangle$ を，係数 c_1, c_2 を要素とする（$|\psi_1\rangle$ と $|\psi_2\rangle$ を基底とする）列ベクトルで表せば，

$$|\psi\rangle = \begin{pmatrix} c_1 \\ c_2 \end{pmatrix} \tag{4.42}$$

である．これに対し，一般の量子状態においては，系の状態は位相の定まった重ね合わせではなく，統計的混合でしか表されない場合もある．そのような状態は，状態ベクトルで表すことができず，もっと別の表現が必要となる．そこで，**密度演算子**あるいは**密度行列**の概念を導入しよう．

まず，状態ベクトル $|\psi\rangle$ で表される純粋状態の密度演算子 $\hat{\rho}$ を，

$$\hat{\rho} = |\psi\rangle\langle\psi| \tag{4.43}$$

と定義する．式 (4.41) の例の場合は，

$$\langle\psi| = c_1^* \langle\psi_1| + c_2^* \langle\psi_2| \tag{4.44}$$

$$\hat{\rho} = |c_1|^2 |\psi_1\rangle\langle\psi_1| + c_1 c_2^* |\psi_1\rangle\langle\psi_2| + c_1^* c_2 |\psi_2\rangle\langle\psi_1| + |c_2|^2 |\psi_2\rangle\langle\psi_2| \tag{4.45}$$

となり，4つの項からなる．$|\psi_1\rangle$ と $|\psi_2\rangle$ を基底とするとき，その行列表現（密度行列）は，式 (4.42) から，

$$\hat{\rho} = \begin{pmatrix} c_1 \\ c_2 \end{pmatrix} \begin{pmatrix} c_1^* & c_2^* \end{pmatrix} = \begin{pmatrix} |c_1|^2 & c_1 c_2^* \\ c_1^* c_2 & |c_2|^2 \end{pmatrix} \tag{4.46}$$

である[6]．ここで，密度行列の対角項 $|c_1|^2$, $|c_2|^2$ は各々，系を $|\psi_1\rangle$ または $|\psi_2\rangle$ に見出す確率[7]を表し，

$$\mathrm{Tr}\,\hat{\rho} = |c_1|^2 + |c_2|^2 = 1 \tag{4.47}$$

である．これに対し非対角項は，位相関係を含む振幅の相関，すなわちコヒーレンスを表している[8]．また，式 (4.43) から，系が純粋状態にある場合には，その密度演算子は自分自身への射影演算子に等しく，

$$\hat{\rho}^2 = |\psi\rangle\langle\psi|\psi\rangle\langle\psi| = |\psi\rangle\langle\psi| = \hat{\rho} \tag{4.48}$$

が成り立つ．

　いま，重ね合わせの位相関係が乱れ，系のコヒーレンスが低下した場合には，密度行列 (4.46) の対角項は変化しないが，非対角項の絶対値が減少する．さらに，位相関係がまったくランダムとなった場合にはコヒーレンスが失われ，非対角項はすべて 0 となってしまう．このように，系が 2 つ以上の状態から成り，それらの間のコヒーレンスが低下している場合，系は**統計的混合状態**あるいは単に**混合状態**にあるという．このとき系の密度演算子は，複数の純粋状態の密度演算子の重み付きの和

---

[6] 行列表現では $\langle\psi| = |\psi\rangle^\dagger$ である．
[7] これを占有率 (population) ともいう．
[8] 以前に述べたように，状態ベクトル (4.42) と密度行列 (4.46) の関係は，偏光の表現を議論した際のジョーンズベクトルと偏光行列の関係 (2.47) に対応している．

$$\hat{\rho} = \sum_j w_j |\psi_j\rangle\langle\psi_j| \quad \left(\sum_j w_j = 1\right) \tag{4.49}$$

として書くことができる[9]．重み w_j は，系が状態 $|\psi_j\rangle$ にある確率を表す．このときも，式 (4.47) は引き続き成り立つ．例えば，式 (4.41) と位相が異なる状態

$$|\psi'\rangle = c_1|\psi_1\rangle - c_2|\psi_2\rangle \tag{4.50}$$

との混合状態の密度行列は

$$\begin{aligned}\hat{\rho} &= w_1|\psi\rangle\langle\psi| + w_2|\psi'\rangle\langle\psi'| \\ &= \begin{pmatrix} |c_1|^2 & (w_1 - w_2)c_1 c_2^* \\ (w_1 - w_2)c_1^* c_2 & |c_2|^2 \end{pmatrix}\end{aligned} \tag{4.51}$$

となり，非対角項の大きさが低下し，特に $w_1 = w_2$ のときには 0 となるが，対角和は 1 のままである．

量子状態における**純粋度** (purity) γ は，

$$\gamma = \mathrm{Tr}\,\hat{\rho}^2 \tag{4.52}$$

で与えられる．式 (4.47), (4.48) から，純粋状態においては $\gamma = 1$ である．また，γ が最低となるのは $\hat{\rho} = I/d$（I は単位行列，d は密度行列の次元）となる場合であり，そのとき $\gamma = 1/d$ である．このときの状態を**完全混合状態** (completely mixed state) という．

状態ベクトル ψ に対する演算子 $\hat{A}$ の作用は

$$|\psi\rangle \xrightarrow{\hat{A}} \hat{A}|\psi\rangle \tag{4.53}$$

で与えられる．したがって，式 (4.49) の形からわかるように，密度演算子 $\hat{\rho}$ に対する演算子 $\hat{A}$ の作用は

$$\hat{\rho} \xrightarrow{\hat{A}} \hat{A}\hat{\rho}\hat{A}^\dagger \tag{4.54}$$

---

[9] 式 (4.49) における $|\psi_j\rangle$ は，互いに直交する状態でなくとも構わない．

で与えられる．状態ベクトル $|\psi\rangle$ に対する運動方程式（シュレーディンガー表示）は

$$i\hbar\frac{d}{dt}|\psi\rangle = \hat{H}|\psi\rangle \tag{4.55}$$

であるが，密度演算子に対する運動方程式（シュレーディンガー表示）は

$$\begin{aligned}
i\hbar\frac{d}{dt}\hat{\rho} &= i\hbar\sum_j w_j \left\{\left(\frac{d}{dt}|\psi_j\rangle\right)\langle\psi_j| + |\psi_j\rangle\left(\frac{d}{dt}\langle\psi_j|\right)\right\} \\
&= \sum_j w_j(\hat{H}|\psi_j\rangle\langle\psi_j| - |\psi_j\rangle\langle\psi_j|\hat{H}) \\
&= \hat{H}\hat{\rho} - \hat{\rho}\hat{H} \\
&= [\hat{H},\hat{\rho}] \tag{4.56}
\end{aligned}$$

となる．また，密度演算子 $\hat{\rho}$ にある量子状態に対する演算子 $\hat{A}$ の期待値は，

$$\begin{aligned}
\langle\hat{A}\rangle &= \sum_j w_j\langle\psi_j|\hat{A}|\psi_j\rangle \\
&= \sum_i\sum_j w_j\langle\psi_j|i\rangle\langle i|\hat{A}|\psi_j\rangle \\
&= \sum_i\sum_j w_j\langle i|\hat{A}|\psi_j\rangle\langle\psi_j|i\rangle \\
&= \sum_i \langle i|\hat{A}\hat{\rho}|i\rangle \\
&= \text{Tr}\,(\hat{A}\hat{\rho}) \tag{4.57}
\end{aligned}$$

となり，$\hat{A}$ と密度演算子の積の対角和で与えられることがわかる．ここで，基底ベクトル $|i\rangle$ の完全性 $\sum_i |i\rangle\langle i| = 1$ を用いている．

4.5 熱放射

光子数状態やコヒーレント状態は，状態ベクトルで表される純粋状態であった．ここでは，混合状態の例として，熱放射による光の状態を考えよう．温度

T の空洞中では，空洞の壁を構成する原子や電子の状態と，空洞内の光の状態が頻繁に相互作用してエネルギーを交換し合い，互いに熱平衡状態にある．このとき，空洞中の周波数 ω の電磁場の状態は，光子数状態 $|n\rangle$ が確率

$$w_n = \frac{e^{-n\hbar\omega/k_B T}}{\sum_n e^{-n\hbar\omega/k_B T}} = \frac{\zeta^n}{\sum_n \zeta^n} = (1-\zeta)\zeta^n \tag{4.58}$$

で熱分布する混合状態となる．ここで，$\zeta = e^{-\hbar\omega/k_B T}$ はボルツマン因子である．したがって，その密度演算子は

$$\hat{\rho} = \sum_n w_n |n\rangle\langle n| = (1-\zeta)\sum_n \zeta^n |n\rangle\langle n| \tag{4.59}$$

と書ける．これを**熱放射状態** (thermal state) と呼ぶ．熱放射状態に対する演算子 $\hat{A}$ の期待値は，

$$\langle \hat{A} \rangle = \mathrm{Tr}\,(\hat{A}\hat{\rho}) = \sum_{i,n} w_n \langle i|\hat{A}|n\rangle\langle n|i\rangle = \sum_n w_n \langle n|\hat{A}|n\rangle \tag{4.60}$$

となって，光子数状態 $|n\rangle$ に対する $\hat{A}$ の期待値 $\langle n|\hat{A}|n\rangle$ を重み w_n をつけて平均したものである．

熱放射状態に対する光子数 $\hat{n}$ の期待値，すなわち平均光子数は，

$$\langle \hat{n} \rangle = \mathrm{Tr}\,(\hat{n}\hat{\rho}) = \sum_n n w_n = (1-\zeta)\sum_n n\zeta^n = \frac{\zeta}{1-\zeta} \tag{4.61}$$

と求められる．したがって，

$$\zeta = \frac{\langle \hat{n} \rangle}{1+\langle \hat{n} \rangle}, \quad 1-\zeta = \frac{1}{1+\langle \hat{n} \rangle} \tag{4.62}$$

と書くこともできる．また，光子数のゆらぎは，

$$\sigma(n)^2 = \langle \hat{n}^2 \rangle - \langle \hat{n} \rangle^2 = \langle \hat{n} \rangle + \langle \hat{n} \rangle^2 \tag{4.63}$$

と求められる（確認せよ）．コヒーレント状態では $\sigma(n)^2 = \langle \hat{n} \rangle$ であったから，熱励起状態はコヒーレント状態に比べて光子数のゆらぎが大きいことがわかる．さらに，光子数状態に対する電場の期待値 (4.29) が 0 であったから，熱放射状

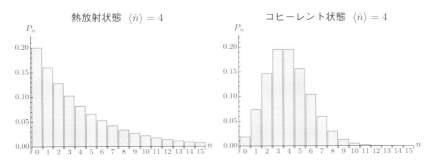

図 4.2 平均光子数 $\langle \hat{n} \rangle = 4$ の熱放射状態とコヒーレント状態における光子数分布の比較.

態に対しても

$$\langle \hat{E}_r \rangle = \langle \hat{E}_i \rangle = 0 \tag{4.64}$$

である.すなわち,熱放射状態における電場の位相はランダムに変動し,電場の期待値は 0 である.しかし,光子数状態の電場のゆらぎ (4.30) が有限であったように,熱放射状態における電場は

$$\sigma(E_r)^2 = \sigma(E_i)^2 = \frac{\hbar\omega}{\epsilon V}\left(\langle \hat{n} \rangle + \frac{1}{2}\right) \tag{4.65}$$

となり,平均光子数に応じたゆらぎをもつ.図 4.2 に,熱放射状態の光子数分布 (4.58) と,同じ平均光子数をもつコヒーレント状態の光子数分布とを比較して示す.

4.6　光の伝搬モードと量子化

ここまでは,特定の波数 $\bm{k}$ と偏光成分 (j=1 or 2) をもつ平面波についての量子化を扱い,波数や偏光,位置の依存性を省略した形で記述してきた.一般の電磁波はこれらの平面波の 1 次結合として表すことができる.このような展開の基底を電磁波の**モード**という.これまでの議論では,特定の波数と偏光成分をもつ平面波の量子化を扱ってきたが,ここでは,多くの実験で用いられる光ビームを記述する際に便利なモードの表現や,モードが離散的ではなく準連続

となっている場合の量子化を扱う.

波数および偏光のモード $\bm{k}, j$ を指定した平面波における電場を $E_{\bm{k},j}$ と書くとき,それらに対する場の演算子も $\hat{a}_{\bm{k},j}, \hat{a}^{\dagger}_{\bm{k},j}$ と書く.このとき,位置 ($\bm{r}$) および時間依存性を陽に表した電場の演算子 [10] は

$$\hat{E}_{\bm{k},j}(\bm{r},t) = \sqrt{\frac{\hbar\omega}{2\epsilon V}} \left(\hat{a}_{\bm{k},j} e^{i(\bm{k}\cdot\bm{r}-\omega t)} + \hat{a}^{\dagger}_{\bm{k},j} e^{i(-\bm{k}\cdot\bm{r}+\omega t)} \right) \tag{4.66}$$

である.波数 $\bm{k}$ が境界条件によって決まる離散的なものであるとき,異なる波数および偏光の間の演算子は交換する.これらの間の交換関係は

$$[\hat{a}_{\bm{k},j}, \hat{a}^{\dagger}_{\bm{k}',j'}] = \delta_{\bm{k}\bm{k}'}\delta_{jj'} \tag{4.67}$$

と表すことができる.すなわち,異なるモードの場の演算子は交換し,同じモードの演算子の間には式 (4.12) の関係がある.また,全ハミルトニアンは,すべてのモードのハミルトニアンの和

$$\hat{H} = \sum_{\bm{k},j} \hbar\omega_{\bm{k}} \left(\hat{a}^{\dagger}_{\bm{k},j} \hat{a}_{\bm{k},j} + \frac{1}{2} \right), \tag{4.68}$$

全個数演算子は,すべてのモードの個数演算子の和

$$\hat{n} = \sum_{\bm{k},j} \hat{a}^{\dagger}_{\bm{k},j} \hat{a}_{\bm{k},j} \tag{4.69}$$

で与えられる.

以下では,特定の 1 つの偏光モードのみを考え,偏光の添字 j は省略する.また,実験でよく用いられる状況として,レーザのようにビーム(光束)となって伝搬する光を考え,その伝搬方向を z 方向にとろう.このとき,光のモードは,上述した平面波展開ではなく,光束の xy 平面内での分布形状で区別されるモード(横モードあるいは空間モード)[11],および時間あるいは周波数で区別されるモード(縦モードあるいは周波数モード)で考えると便利である.いま,横モー

---

[10] 本節では,特に断らない限り,「電場の演算子」とは「電場の実部の演算子」を指すことにする.
[11] 光ビームにおける最も基本的な横モードは TEM_{00} と呼ばれる.これは,xy 方向に 2 次元のガウス型となるモードであり,ガウスビームとも呼ばれる.

ドを面積 A をもつ一様なモードとし，ビームの縦方向の長さを L（後に $L \to \infty$ にする）とする．このとき，縦モードは波数 $k = 2\pi m/L$ ($m = 0, \pm 1, \pm 2, ...$) で区別され，その間隔は $\Delta k = 2\pi/L$ である．縦モード k の電場の演算子は式 (4.66) から

$$\hat{E}_k(z,t) = \sqrt{\frac{\hbar\omega}{2\epsilon AL}} \left\{ \hat{a}_k e^{i(kz-\omega t)} + \hat{a}_k^\dagger e^{i(-kz+\omega t)} \right\} \tag{4.70}$$

と書ける．ここで，$\omega = vk$ である（$v = 1/\sqrt{\epsilon\mu}$ は光速）．すべての縦モードを重ね合わせた電場の演算子は，式 (4.70) の k についての総和

$$\hat{E}(z,t) = \sum_k \sqrt{\frac{\hbar\omega}{2\epsilon AL}} \left\{ \hat{a}_k e^{i(kz-\omega t)} + \hat{a}_k^\dagger e^{i(-kz+\omega t)} \right\} \tag{4.71}$$

である．場の演算子の交換関係は，式 (4.67) から

$$[\hat{a}_k, \hat{a}_{k'}^\dagger] = \delta_{kk'} \tag{4.72}$$

と表すことができる．

いま，$L \to \infty$ として，波数 k を離散的なものから連続的なものへと変換しよう．このとき，$\Delta\omega = v\Delta k$ であることから，ω についても連続的になり

$$\sum_k \to (\Delta k)^{-1} \int dk \to (\Delta\omega)^{-1} \int d\omega \tag{4.73}$$

$$\delta_{kk'} \to \Delta k \delta(k-k') \to \Delta\omega \delta(\omega-\omega') \tag{4.74}$$

の関係がある．いま，

$$\hat{a}_k \to \sqrt{\Delta\omega}\, \hat{a}(\omega) \tag{4.75}$$

と置き換えれば，式 (4.71) は

$$\hat{E}(z,t) = \int_{-\infty}^{\infty} d\omega \sqrt{\frac{\hbar\omega}{4\pi\epsilon vA}} \left\{ \hat{a}(\omega) e^{i(kz-\omega t)} + \hat{a}^\dagger(\omega) e^{i(-kz+\omega t)} \right\} \tag{4.76}$$

となり [12]，式 (4.72) は

---
[12] いま考えている状況では，$\omega = ck$ の関係から，負の ω は負の k に対応すると見なす．

$$[\hat{a}(\omega), \hat{a}^\dagger(\omega')] = \delta(\omega - \omega') \tag{4.77}$$

と書くことができる．$\hat{a}(\omega)$ および $\hat{a}^\dagger(\omega)$ は，連続的周波数モードでの場の演算子であり，式 (4.77) はその交換関係を示す．このとき，全個数演算子は

$$\hat{n} = \int_{-\infty}^{\infty} d\omega \hat{a}^\dagger(\omega)\hat{a}(\omega) \tag{4.78}$$

で与えられる．すなわち，$\hat{a}^\dagger(\omega)\hat{a}(\omega)$ は単位周波数あたりの光子数密度を与える．

さらに，考えている物理系が関与する振動数が ω_0 を中心とした狭い範囲に限られていて，式 (4.76) の平方根中の ω がその範囲でほとんど一定 ($\omega \sim \omega_0$) と見なされる場合（狭帯域近似），それを積分の外に出して，

$$\begin{aligned}\hat{E}(z,t) &= \sqrt{\frac{\hbar\omega_0}{4\pi\epsilon vA}} \int_{-\infty}^{\infty} d\omega \left\{ \hat{a}(\omega)e^{i(kz-\omega t)} + \hat{a}^\dagger(\omega)e^{i(-kz+\omega t)} \right\} \\ &= \sqrt{\frac{\hbar\omega_0}{2\epsilon vA}} \left\{ \hat{a}\left(t - \frac{z}{v}\right) + \hat{a}^\dagger\left(t - \frac{z}{v}\right) \right\} \end{aligned} \tag{4.79}$$

と書くことができる．ここで，

$$\hat{a}(t) = \frac{1}{\sqrt{2\pi}} \int_{-\infty}^{\infty} d\omega \hat{a}(\omega) e^{-i\omega t} \tag{4.80}$$

とおいた [13]．

$\hat{a}(t)$ は，時間に関する場の演算子であり，周波数モードの場の演算子のフーリエ変換として与えられる．式 (4.77) を用いると，

$$[\hat{a}(t), \hat{a}^\dagger(t')] = \delta(t - t') \tag{4.81}$$

となることがわかる．また，全個数演算子が

$$\hat{n} = \int_{-\infty}^{\infty} dt \hat{a}^\dagger(t)\hat{a}(t) \tag{4.82}$$

で与えられることもわかる．すなわち，$\hat{a}^\dagger(t)\hat{a}(t)$ は単位時間あたりの光子数密

---

[13] 式 (4.80) の左辺は，単一周波数モードの場合の演算子 (3.46) と同じ記号を用いている．違いは，周波数についての積分の有無である．以下では，特に断らない限り，$\hat{a}(t)$ を式 (4.80) の意味で用いる．

度を与える．さらに，式 (4.19) に対応する強度演算子は，

$$\hat{I}(z,t) = \frac{\hbar\omega_0}{A}\hat{a}^\dagger\left(t-\frac{z}{v}\right)\hat{a}\left(t-\frac{z}{v}\right) \tag{4.83}$$

で与えられることがわかる．特に，$z=0$ では

$$\hat{I}(t) = \frac{\hbar\omega_0}{A}\hat{a}^\dagger(t)\hat{a}(t) \tag{4.84}$$

である．

4.7 多モードの量子状態

　電磁場のモードは，光ビームの縦モード，横モード，あるいはビームが通る空間（光路）などで区別される．さらに，偏光成分の自由度も加えられる．これまでの議論では，特定の 1 つのモードすなわち**単一モード**の電磁場の量子化を扱ってきたが，ここでは，複数あるいは多数のモードから成る場合の量子化を扱う．いま，これらのモードは離散的に区別できるものとし，偏光を含めたこれらのモードを $m_1, m_2, ...$．それらのモードにおける量子状態が $|\psi_1\rangle_{m_1}, |\psi_2\rangle_{m_2},$ ... であったとしよう．このとき，全系の量子状態 $|\Psi\rangle$ は個々のモードの量子状態の直積として

$$\begin{aligned}|\Psi\rangle &= |\psi_1\rangle_{m_1} \otimes |\psi_2\rangle_{m_2} \otimes \cdots \\ &= |\psi_1, \psi_2, ...\rangle \end{aligned} \tag{4.85}$$

と書ける．式 (4.85) の 2 行目は 1 行目を簡略化した表現で，これ以後しばしば用いる．例えば，モード m_1 が個数状態 $|n_1\rangle_{m_1}$ にあり，モード m_2 が個数状態 $|n_2\rangle_{m_1}$ にあるとき

$$\begin{aligned}|\Psi\rangle &= |n_1\rangle_{m_1} \otimes |n_2\rangle_{m_2} \\ &= |n_1, n_2\rangle \end{aligned} \tag{4.86}$$

と書く [14]．このように，全系の状態が複数のモードの量子状態の直積で書ける

---
[14] 同じ表現は，2 次元調和振動子の例 (3.133) ですでに扱っている．

とき，これを**直積状態** (product state) あるいは**分離可能状態** (separable state) という．これに対し，例えば，

$$|\Psi\rangle = \frac{1}{\sqrt{2}} \left(|n_1, n_2\rangle + |n_2, n_1\rangle \right) \tag{4.87}$$

のような状態は，$n_1 = n_2$ でない限り直積状態で表すことができない．このような状態は**量子もつれ状態** (entangled state) と呼ばれる．量子もつれ状態の具体例とその生成方法については第 8 章で扱う．

4.8　偏光の量子状態

多モードの特別な例として，偏光の量子状態について調べよう．偏光は，2 モードの最も端的な例のひとつである．しかし，ここでの議論は偏光だけではなく，一般的な 2 モード系に適用することが可能である．

単一モードの電磁場の系が 1 次元調和振動子に対応したように，周波数の等しい 2 モードの系は 3.6 節で扱った 2 次元調和振動子に対応し，そこでの議論がそのまま適用できる．偏光を記述する場合，2 つの基準モードとして水平 (x) および垂直 (y) 方向（あるいは ±45° 方向）の直交する直線偏光成分を採用することもできるし，式 (3.137) で定義した左右回りの回転成分，すなわち円偏光成分を採用することもできる．ここでは，基準モードとして水平 (x) および垂直 (y) 方向の直線偏光成分を採用し，いくつかの興味ある場合について考察する．

まず，古典状態に対応する例として，各々のモードがコヒーレント状態 $|\alpha\rangle_x$ および $|\beta\rangle_y$ にある場合を考える．このとき全系の状態 $|\Psi\rangle$ は

$$\begin{aligned} |\Psi\rangle &= |\alpha\rangle_x \otimes |\beta\rangle_y \\ &= |\alpha, \beta\rangle \end{aligned} \tag{4.88}$$

と書ける．式 (4.32) および式 (4.33) から，x 方向の電場の複素振幅の期待値 $\langle E_x \rangle$ は

$$\langle E_x \rangle = \langle \hat{E}_{x,r} \rangle + i \langle \hat{E}_{x,i} \rangle = \sqrt{\frac{2\hbar\omega}{\epsilon V}} \alpha e^{-i\omega t} \tag{4.89}$$

となる．同様に，y 方句の電場の複素振幅の期待値 $\langle E_y \rangle$ は

$$\langle E_y \rangle = \sqrt{\frac{2\hbar\omega}{\epsilon V}} \beta e^{-i\omega t} \tag{4.90}$$

となる．各々の電場の期待値は古典的電場と同様な振る舞いを示すから，偏光のジョーンズベクトル (2.36) において，古典的電場振幅の代わりに上で求めた電場の期待値を用いて偏光を表現することができる．また，式 (3.140)〜(3.143) で定義したストークス演算子の期待値を求めると，

$$\langle \hat{s}_0 \rangle = |\alpha|^2 + |\beta|^2 \tag{4.91}$$

$$\langle \hat{s}_1 \rangle = |\alpha|^2 - |\beta|^2 \tag{4.92}$$

$$\langle \hat{s}_2 \rangle = 2\mathrm{Re}\,(\alpha^* \beta) \tag{4.93}$$

$$\langle \hat{s}_3 \rangle = 2\mathrm{Im}\,(\alpha^* \beta) \tag{4.94}$$

となり，$\langle \hat{s}_1 \rangle^2 + \langle \hat{s}_2 \rangle^2 + \langle \hat{s}_3 \rangle^2 = \langle \hat{s}_0 \rangle^2$ を満たす純粋な偏光状態にあることがわかる．

次に，各々のモードが個数状態にある場合を考える．簡単な場合として，x 方向のモードが個数状態 $|n\rangle_x$，y 方向のモードが真空状態 $|0\rangle_x$ だとしよう．このとき全系の状態 $|\Psi\rangle$ は

$$\begin{aligned} |\Psi\rangle &= |n\rangle_x \otimes |0\rangle_y \\ &= |n, 0\rangle \end{aligned} \tag{4.95}$$

と書ける．個数状態では電場の期待値は常に 0 であったから，偏光状態をジョーンズベクトルで表すことはできない．しかし，$|\Psi\rangle$ に対するストークス演算子の期待値は

$$\langle \hat{s}_0 \rangle = n + 0 = n \tag{4.96}$$

$$\langle \hat{s}_1 \rangle = n - 0 = n \tag{4.97}$$

$$\langle \hat{s}_2 \rangle = \langle \hat{s}_3 \rangle = 0 \tag{4.98}$$

となり，x 方向に完全に偏光している状態であることがわかる．すなわち，式

(4.95) のような状態ではジョーンズベクトルによる偏光の表現はできないが，ストークス演算子を用いた表現は可能である．

もうひとつ簡単な例として，2つのモードのどちらかに光子が1つある重ね合わせ状態

$$|\Psi\rangle = c_x|1,0\rangle + c_y|0,1\rangle \tag{4.99}$$

を考えよう[15]．ここで，$|c_x|^2 + |c_y|^2 = 1$ である．このとき，

$$\begin{aligned}\langle \hat{a}_x \rangle &= |c_x|^2 \langle 1,0|\hat{a}_x|1,0\rangle + |c_y|^2 \langle 0,1|\hat{a}_x|0,1\rangle \\ &\quad + c_x^* c_y \langle 1,0|\hat{a}_x|0,1\rangle + c_x c_y^* \langle 0,1|\hat{a}_x|1,0\rangle \\ &= 0 \end{aligned} \tag{4.100}$$

である．同様に，

$$\langle \hat{a}_x \rangle = \langle \hat{a}_x^\dagger \rangle = \langle \hat{a}_y \rangle = \langle \hat{a}_y^\dagger \rangle = 0 \tag{4.101}$$

となることが示せるから，電場の期待値はすべて0になり[16]，電場を用いたジョーンズベクトルによる偏光の表現はできない．式 (4.99) の状態は，$\langle E_x \rangle$ および $\langle E_y \rangle$ は0となるが，E_x と E_y の間にはコヒーレンスすなわち位相関係が保たれている状態である．実際，式 (4.99) に対するストークス演算子の期待値は

$$\langle \hat{s}_0 \rangle = |c_x|^2 + |c_y|^2 = 1 \tag{4.102}$$

$$\langle \hat{s}_1 \rangle = |c_x|^2 - |c_y|^2 \tag{4.103}$$

$$\langle \hat{s}_2 \rangle = 2\mathrm{Re}\,(c_x^* c_y) \tag{4.104}$$

$$\langle \hat{s}_3 \rangle = 2\mathrm{Im}\,(c_x^* c_y) \tag{4.105}$$

となって，c_x, c_y を要素とするジョーンズベクトルをもつ状態と同じ純粋な偏光状態にあることがわかる．このように，量子化された光の偏光状態を表すた

---

[15] 式 (4.86) で述べたように，この状態は一種の量子もつれ状態と考えることができる．
[16] 単一モードにおける $|0\rangle$ と $|1\rangle$ の重ね合わせ状態 (3.118) との違いに注意せよ．

めには，ストークス演算子が用いられる[17]．

最後に，式 (4.99) を別の見方で表してみよう．$|1,0\rangle$ および $|0,1\rangle$ を各々，1 つの光子が 水平 (H) および垂直 (V) 偏光の状態にあるときの状態ベクトルと見なして次のように書く．

$$|1,0\rangle \equiv |H\rangle, \quad |0,1\rangle \equiv |V\rangle \tag{4.106}$$

すると，1 光子の任意の偏光状態を

$$|\Psi\rangle = c_x|H\rangle + c_y|V\rangle \tag{4.107}$$

と表すことができる．すなわち，量子化された光の偏光状態を 2 モードで表す代わりに，1 つの光子についての 2 つの直交した偏光状態の重ね合わせとして表したことになる[18]．このように表すと，電場の期待値の代わりに，式 (4.107) の係数 c_x, c_y をジョーンズベクトルの要素と見なして，古典的偏光状態と対応させることも可能である．このとき，$|H\rangle, |V\rangle$ は $\hat{s}_1$ の固有状態であって，

$$\hat{s}_1|H\rangle = |H\rangle, \quad \hat{s}_1|V\rangle = -|V\rangle \tag{4.108}$$

である．同様に，$\pm 45°$ の直線偏光状態 $|D\rangle, |A\rangle$ は $\hat{s}_2$ の固有状態で，

$$|D\rangle = \frac{1}{\sqrt{2}}\left(|H\rangle + |V\rangle\right), \quad |A\rangle = \frac{1}{\sqrt{2}}\left(|H\rangle - |V\rangle\right), \tag{4.109}$$

$$\hat{s}_2|D\rangle = |D\rangle, \quad \hat{s}_2|A\rangle = -|A\rangle, \tag{4.110}$$

左右回りの円偏光状態 $|L\rangle, |R\rangle$ は $\hat{s}_3$ の固有状態で，

$$|L\rangle = \frac{1}{\sqrt{2}}\left(|H\rangle + i|V\rangle\right), \quad |R\rangle = \frac{1}{\sqrt{2}}\left(|H\rangle - i|V\rangle\right), \tag{4.111}$$

$$\hat{s}_3|L\rangle = |L\rangle, \quad \hat{s}_3|R\rangle = -|R\rangle \tag{4.112}$$

---

[17] 最近の研究では，ストークス演算子でも表現できない偏光状態が存在することも知られている．
[18] 光子の偏光状態は，光子の内部角運動量（スピン）と見なすこともできる．光子はスピン 1 すなわち 3 成分のスピン自由度をもつ粒子であるが，真空中ではそのうちの 1 成分は現れず，残り 2 成分のみで記述できる．

である．

このように，1光子の偏光状態は2次元の状態空間で表されることから，スピン 1/2 をもつ粒子と同じ扱いができることがわかる[19]．実際に，$|H\rangle, |V\rangle$ を基底とする2次元の状態空間におけるストークス演算子の行列表現は，パウリ行列 (2.53) と一致する．また，式 (3.146) で見たように，ストークス演算子はパウリ行列と同じ交換関係をもつ．さらに，スピンにおける**ブロッホベクトル**（**ブロッホ球**）はパウリ演算子の期待値から成るベクトル（およびその図形的表現）であるから，それらは1光子の偏光におけるストークスパラメータ（ポアンカレ球）に対応する．

偏光の場合のような，1光子の2次元状態空間での表現は，光子を用いた量子情報通信技術において**量子ビット** (qubit) を表現するためにしばしば用いられる．光子を用いた量子ビットの実装には，偏光 (polarization qubit) のモードを用いる以外にも，波束 (time-bin qubit) や光路 (path qubit) のモードを用いる場合もある．しかし，それらは2つのモードの物理的実装が異なるだけで，ここで述べた基本的事項はそれらすべての場合において共通である．

偏光における混合状態

簡単な例として，式 (4.99) および式 (4.107) で導入した1光子の偏光状態を考えよう．式 (4.107) は状態ベクトルで表される純粋状態であり，偏光状態としても純粋な状態を表していた．いま，次のような混合状態

$$\hat{\rho} = |c_x|^2 |H\rangle\langle H| + |c_y|^2 |V\rangle\langle V|$$
$$= \begin{pmatrix} |c_x|^2 & 0 \\ 0 & |c_y|^2 \end{pmatrix} \quad (4.113)$$

を考える．このとき，ストークス演算子の期待値は

$$\langle \hat{s}_0 \rangle = \text{Tr}\,(\hat{s}_0 \hat{\rho}) = |c_x|^2 + |c_y|^2 = 1 \quad (4.114)$$

$$\langle \hat{s}_1 \rangle = \text{Tr}\,(\hat{s}_1 \hat{\rho}) = |c_x|^2 - |c_y|^2 \quad (4.115)$$

---

[19] リー群 SU(2) で表現される．

$$\langle \hat{s}_2 \rangle = \mathrm{Tr}\,(\hat{s}_2 \hat{\rho}) = 0 \tag{4.116}$$

$$\langle \hat{s}_3 \rangle = \mathrm{Tr}\,(\hat{s}_3 \hat{\rho}) = 0 \tag{4.117}$$

となって,$\hat{\rho}$ の対角項から得られる $\langle \hat{s}_0 \rangle$ と $\langle \hat{s}_1 \rangle$ は変化しないが,非対角項から得られる $\langle \hat{s}_2 \rangle$ と $\langle \hat{s}_3 \rangle$ は 0 となってしまう.したがって,この状態は純粋な偏光状態ではない.特に,$|c_x|^2 = |c_y|^2 = 1/2$ のとき,すなわち完全混合状態のときには,$\langle \hat{s}_1 \rangle = \langle \hat{s}_2 \rangle = \langle \hat{s}_3 \rangle = 0$ となり,無偏光の状態を表すことになる.

第5章 光の干渉と相関

　第1章冒頭で述べたように，19世紀初めのヤングによる光における干渉効果の発見は，光の波動説を決定づける証拠となった．光を古典的電磁波として理解するとき，干渉とは電場（あるいは磁場）の振幅の重ね合わせによって起こる現象である．また，本章で述べるように，光の強度が時間的，空間的な相関を示すことも知られており，それも古典的波動における高次の干渉効果として理解される．一方で我々は，量子化された光の描像とその取り扱いについてすでに学んだ（第4章）．それでは，量子化された光においては干渉および相関はどのように定式化され，それらは古典論の場合とどう異なるのであろうか？本章では，光の干渉と相関について，古典論と量子論とを併記・比較しながら調べていくことにする．

5.1　干渉光学系

　上述したように，光の古典的波動性を示す典型的な実験例として，ヤングの二重スリットによる干渉実験がよく知られている．図 5.1(a) に示すように，振動数 ω の単色光の平面波が，ある間隔で隔てられた2つの狭いスリットに垂直に入射するものとする．スクリーン上における電場は，スリット A を通ってきた光による電場と，スリット B を通ってきた光による電場との重ね合わせである．ここで，スリット A を通ってスクリーンに達する光路長と，スリット B を通ったときの光路長の差に伴い，両者を伝搬した光の間には位相差 ϕ が生じる．

　同様な干渉は，図 5.1(b) のような**干渉計**を用いても観測することができる．図 5.1(b) の形式の干渉計を，マッハ・ツェンダー (Mach-Zehnder) 干渉計と呼

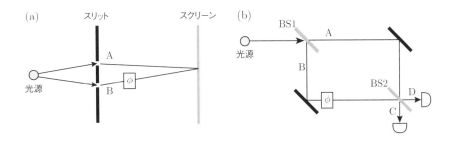

図 5.1 光の干渉を測定する実験系. (a) ヤングの二重スリットの実験系, および (b) マッハ・ツェンダー干渉計. ϕ は経路 A, B 間の位相差を表す.

ぶ. BS1 および BS2 は, 光を一部透過, 一部反射する光学素子で, **ビームスプリッタ** (beamsplitter) あるいは半透過鏡と呼ばれる. 光源からの光は, BS1 で経路 A と経路 B に分けられ, 各々独立に伝搬した後に BS2 で再び合波される. ここで, 経路 A と B の間の光路長の差に伴い, 両者を伝搬した光の間には位相差 ϕ が生じる. BS2 で合波された光は, 光路 C または D に出力され, 干渉が観測される.

二重スリットや干渉計のように, 光の干渉に関連した計測を行う光学系を, ここでは干渉光学系と呼ぼう. これ以降, 本書ではさまざまな場面でビームスプリッタを用いた干渉光学系について言及するので, まずビームスプリッタの扱いについて述べておく.

ビームスプリッタ

理想的なビームスプリッタ (以下では BS と記す) は, 入力光路 ×2 および出力光路 ×2 の, 2 入力 2 出力の光学系である. また, 各々の光路の偏光の自由度 ×2 を考慮すると 4 入力 4 出力の系であるが, まずは一方の偏光モードのみの場合を考え, 2 入力 2 出力の系として扱おう. BS の入力側の光強度の和と出力側の光強度の和が等しいとき, BS は無損失 (lossless) であるという. このとき, 入力側の電場を E_1 および E_2, 出力側の電場を $E_{1'}$ および $E_{2'}$ とすると,

$$\begin{pmatrix} E_{1'} \\ E_{2'} \end{pmatrix} = U_{\mathrm{BS}} \begin{pmatrix} E_1 \\ E_2 \end{pmatrix} = \begin{pmatrix} t & r' \\ r & t' \end{pmatrix} \begin{pmatrix} E_1 \\ E_2 \end{pmatrix} \tag{5.1}$$

と書ける．t および t' は振幅透過率，r および r' は振幅反射率である．無損失であることから，U_{BS} はユニタリ行列である．2×2 の任意のユニタリ行列 U は

$$U = e^{i\gamma} \begin{pmatrix} \cos\delta\, e^{i\alpha} & -\sin\delta\, e^{-i\beta} \\ \sin\delta\, e^{i\beta} & \cos\delta\, e^{-i\alpha} \end{pmatrix} \tag{5.2}$$

と書くことができる．ここで，$\alpha, \beta, \gamma, \delta$ は実数であり，それらの値は実際の BS によって決まる．いま，全体にかかる位相は考えなくてよいから，$\gamma = 0$ とおく．また，光強度を 1:1 に分け，2 つの入力に対して対称な BS では[1]，$|t|^2 = |t'|^2 = |r|^2 = |r'|^2 = 1/2$ かつ $t = t', r = r'$ を満たす．t を正にとるとき，U_{BS} は

$$U_+ = \frac{1}{\sqrt{2}} \begin{pmatrix} 1 & i \\ i & 1 \end{pmatrix} \quad \text{or} \quad U_- = \frac{1}{\sqrt{2}} \begin{pmatrix} 1 & -i \\ -i & 1 \end{pmatrix} \tag{5.3}$$

のいずれかになることがわかる[2]．U_+ (U_-) のとき，反射波は透過波に比べて位相が $\pi/2$ ($-\pi/2$) だけ異なっている．

次に，BS における透過・反射を考えるときの偏光の扱いについて調べよう．図 5.2 において，電場の振動方向が反射面[3]に対して垂直（したがって BS の表面に平行）な偏光を s 偏光，電場の振動方向が反射面と平行な偏光を p 偏光と呼ぶ．実験装置における水平面と反射面が平行な場合には，p 偏光が水平 (H) 偏光，s 偏光が垂直 (V) 偏光に対応する．光が物質の表面で反射・屈折される際には，s 偏光および p 偏光が偏光の基本モードとなり，各々を独立に扱うことができる．すなわち，s 偏光および p 偏光で入射した光は，出力においてもその偏光は変化しない．しかし反射・屈折に伴う位相変化は一般に s 偏光および p 偏光とで異なるので，s 偏光と p 偏光の重ね合わせの偏光が入力された場合は，出力においては偏光状態が異なってしまう．例えば，s 偏光および p 偏

---

[1] 2 つのプリズムを貼り合わせて作られた BS は，基本的に対称な構造になっている．
[2] U_{BS} の表し方には，行列要素が実となるようにパラメータを決めるやり方もある．このときには，U_{BS} は $\frac{1}{\sqrt{2}}\begin{pmatrix} 1 & -1 \\ 1 & 1 \end{pmatrix}$ あるいは $\frac{1}{\sqrt{2}}\begin{pmatrix} 1 & 1 \\ 1 & -1 \end{pmatrix}$ と書くことができるが，この場合は $t = t', r = r'$ を同時に満たすような対称な BS を表すことはできない．
[3] BS の表面に対する法線と入射，透過，反射光路を含む面であり，図 5.2 においては紙面が反射面である．BS の表面のことではないことに注意せよ．

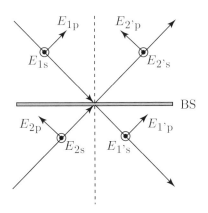

図 5.2 ビームスプリッタ (BS) における偏光方向の定義.

光以外の直線偏光や円偏光を入力すると，出力は一般に楕円偏光となる．このことは，いったんは 0 とおいた式 (5.2) における γ が，偏光によって異なることを意味する．そこで，s 偏光に対して $\gamma = 0$ とし，p 偏光に対しては γ を残すことにしよう．さらに，図 5.2 において，p 偏光の電場の向きが反射の前後で反転していることに注意しなければならない．これは，反射・屈折におけるフレネルの式を導くときの伝統的な定義 [4] に従っており，各々のビームの進行方向を z 方向としたとき，p(H) 偏光，s(V) 偏光の電場の向きおよびビームの進行方向が右手系での x, y, z 軸方向に対応するように定義されている．この定義の下では，p 偏光における振幅反射率には電場の方向が反転した分の負号が付加される．以上のことを考慮すると，s 偏光における BS のユニタリ行列 U_S および p 偏光における BS のユニタリ行列 U_P として，

$$U_\mathrm{S} = \frac{1}{\sqrt{2}} \begin{pmatrix} 1 & i \\ i & 1 \end{pmatrix}, \quad U_\mathrm{P} = \frac{e^{i\gamma}}{\sqrt{2}} \begin{pmatrix} 1 & -i \\ -i & 1 \end{pmatrix} \tag{5.4}$$

を採用し，

$$\begin{pmatrix} E_{1'\mathrm{s}} \\ E_{2'\mathrm{s}} \end{pmatrix} = U_\mathrm{S} \begin{pmatrix} E_{1\mathrm{s}} \\ E_{2\mathrm{s}} \end{pmatrix}, \quad \begin{pmatrix} E_{1'\mathrm{p}} \\ E_{2'\mathrm{p}} \end{pmatrix} = U_\mathrm{P} \begin{pmatrix} E_{1\mathrm{p}} \\ E_{2\mathrm{p}} \end{pmatrix} \tag{5.5}$$

とすればよい [4)5)].

ここまでは，BS による古典的電場の変換を考えてきたが，量子化された電磁場においては，古典的電場 E_j を各々のモードの消滅演算子 $\hat{a}_j$ で置き換えればよい [5,6]. すなわち

$$\begin{pmatrix} \hat{a}_{1's} \\ \hat{a}_{2's} \end{pmatrix} = U_{\text{S}} \begin{pmatrix} \hat{a}_{1s} \\ \hat{a}_{2s} \end{pmatrix}, \quad \begin{pmatrix} \hat{a}_{1'p} \\ \hat{a}_{2'p} \end{pmatrix} = U_{\text{P}} \begin{pmatrix} \hat{a}_{1p} \\ \hat{a}_{2p} \end{pmatrix} \tag{5.6}$$

である. ここで，入力モードにおける交換関係が

$$[\hat{a}_{m\mu}, \hat{a}_{n\nu}^{\dagger}] = \delta_{mn}\delta_{\mu\nu} \tag{5.7}$$

であるとき，出力モードにおける交換関係

$$[\hat{a}_{m'\mu}, \hat{a}_{n'\nu}^{\dagger}] = \delta_{m'n'}\delta_{\mu\nu} \tag{5.8}$$

が成り立つことに注意せよ. ここで，m, n は 1 または 2, μ, ν は s または p である.

偏光ビームスプリッタ

偏光ビームスプリッタ (polarizing beamsplitter) とは，光の偏光方向によって反射・透過を分ける光学素子である. 完全な偏光ビームスプリッタ（以下では PBS と記す）は，s 偏光成分をすべて反射し，p 偏光成分をすべて透過する. すなわち，PBS の動作を表すユニタリ行列は，式 (5.4) の代わりに，

[4)] 垂直入射に近い BS では，s 偏光と p 偏光とは電場の方向の定義を除いて違いがなくなり，式 (5.4) において $\gamma = 0$ とおける. このとき，片方の入射路から $+45°$ の直線偏光を入れたとき，反射光は $-45°$ の直線偏光となる. また，片方の入射路から左回り円偏光を入れたとき，反射光は右回り円偏光となる.
[5)] s 偏光と p 偏光の両方に対して同じユニタリ行列（例えば U_{S} 等）を採用する文献も多く見られる. その場合，p 偏光の反射における座標の反転がない座標系を採用していることになる. 例えば，図 5.2 において，E_{2p} および $E_{2'p}$ の向きを反転した座標系，すなわち光路 1 および 1' とは右手系，光路 2 および 2' は左手系の座標を採用することに対応する. このとき，左手系の座標においては $\pm 45°$ の偏光や左右回りの円偏光の定義が入れ替わることになるので，実験との対応を考える場合には注意が必要である.

$$U_{\rm S} = \begin{pmatrix} 0 & 1 \\ 1 & 0 \end{pmatrix}, \quad U_{\rm P} = e^{i\gamma} \begin{pmatrix} 1 & 0 \\ 0 & 1 \end{pmatrix} \tag{5.9}$$

と表される.

5.2　1次の干渉 —電場の干渉—

図 5.3 のように, BS の 2 つの入力ポート 1, 2 から光を入力し, 2 つの出力ポート 1', 2' のうちの片方 (ここでは 1' とする) で光を検出する光学系を考えよう. 入力光の偏光はどちらも s 偏光であり, 2 つの入力光の横モードは同一で, 両者は BS において完全に重なるものとする. このとき, 2 つの入力ポートからの光は BS において混合され, その結果, 出力光の状態は 2 つの入力ポートからの光の状態の重ね合わせとなる. ここでの BS は, 例えば図 5.1(b) の干渉光学系において 2 つの光路の光を重ね合わせるビームスプリッタ (BS2) の役割を果たすものである. ここでは, その状況をまず古典的に調べた後, 量子的な取り扱いを考える.

古典論

BS までの距離が d_1 および d_2 の点における入力光の電場を各々 $iE_1(t)$ および $E_2(t)$, 出力光の電場を $E_{1'}(t)$ とする [6]. 式 (5.5) から

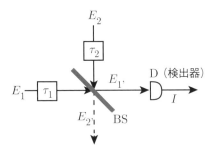

図 5.3　1 次の干渉を測定する実験系. ビームスプリッタ (BS) の 2 つの入力ポートから光を入力し, BS の片方の出力の光強度 (I) を検出器 (D) で測定する. BS の位置における入力 1 と 2 の信号の遅延時間の差は $\tau = \tau_1 - \tau_2$ である.

$$E_{1'}(t) = \frac{i}{\sqrt{2}} \{E_1(t-\tau_1) + E_2(t-\tau_2)\} \tag{5.10}$$

となる．ここで，$\tau_1 = d_1/c$ および $\tau_2 = d_2/c$ である．すると，出力における光強度 $I(t)$ として，

$$\begin{aligned}I(t) &= |E_{1'}(t)|^2 \\ &= \frac{1}{2}\{I_1(t-\tau_1) + I_2(t-\tau_2) + 2\mathrm{Re}\, E_1(t-\tau_1)^* E_2(t-\tau_2)\}\end{aligned} \tag{5.11}$$

を得る [7]．ここで，$I_j(t) = |E_j(t)|^2$ とおいた．上式で，はじめの 2 項は各々の入力光の強度であり，第 3 項が干渉項を表す．いま，光強度の時間平均を $\langle I \rangle$ とすると，

$$\langle I \rangle = \frac{1}{2}\{\langle I_1 \rangle + \langle I_2 \rangle + 2\mathrm{Re}\,\langle E_1(t-\tau_1)^* E_2(t-\tau_2)\rangle\} \tag{5.12}$$

となる．ここで，

$$g_{12}^{(1)}(\tau) = \frac{\langle E_1(t)^* E_2(t+\tau)\rangle}{\sqrt{\langle I_1\rangle\langle I_2\rangle}} \tag{5.13}$$

という量を定義すると，式 (5.12) は

$$\langle I \rangle = \frac{1}{2}\{\langle I_1 \rangle + \langle I_2 \rangle + 2\sqrt{\langle I_1\rangle\langle I_2\rangle}\,\mathrm{Re}\,g_{12}^{(1)}(\tau)\} \tag{5.14}$$

と書ける．ただし，$\tau = \tau_1 - \tau_2$ とおいた．$g_{12}^{(1)}(\tau)$ を，**1 次の規格化相関関数** (normalized first order correlation function) または **1 次のコヒーレンス** (first order coherence) という [8]．いま，$\langle I_1 \rangle = \langle I_2 \rangle$ とすると，式 (5.14) より，$|g_{12}^{(1)}| = 1$ のときには，干渉の振幅が 100%になり，$|g_{12}^{(1)}| = 0$ のときには干渉が現れない．$|g_{12}^{(1)}|$ は 0 から 1 までの値をとりうるが，$|g_{12}^{(1)}| = 1$ の光の状態をコヒーレント

---

[6] ここで，$E_1(t)$ に付した位相因子 i は，例えば図 5.1(b) の干渉計の BS1 における反射波の位相変化 $\pi/2$ を考慮したものであるが，その有無によって以下の議論には（干渉縞の位相を除いて）本質的な違いは生じない．

[7] ここでは，光強度を与える式 (2.34) の係数 $\sqrt{\epsilon/\mu}/2$ は省略する．

[8] $g_{12}^{(1)}(\tau)$ は強度に対して 1 次であるが，電場に対しては 2 次であるので，$g_{12}^{(1)}(\tau)$ を（電場に関する）2 次の相関関数，または 2 次のコヒーレンスと呼ぶ場合もある．

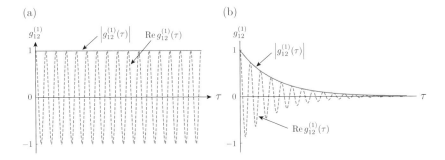

図 5.4 1次の規格化相関関数 $g_{12}^{(1)}(\tau)$ の例. (a) 単色光（コヒーレント）の場合. (b) 有限のコヒーレンス時間をもつ場合. 実線は $\left|g_{12}^{(1)}(\tau)\right|$, 点線は $g_{12}^{(1)}(\tau)$ の実部を表す.

(coherent), $|g_{12}^{(1)}| = 0$ の場合を**インコヒーレント** (incoherent), その中間を部分的にコヒーレント (partially coherent) な状態と呼ぶ.

光が単一の振動数成分だけをもつ（単色光）の場合, $E_{1,2}(t) = |E_0|e^{-i\omega t}$ とおけば,

$$g_{12}^{(1)}(\tau) = e^{-i\omega\tau} \tag{5.15}$$

であり, $|g_{12}^{(1)}|=1$ となるから, 単色光はコヒーレントである. このとき,

$$\langle I \rangle = |E_0|^2 (1 + \cos\omega\tau) \tag{5.16}$$

となって, 振幅100%の干渉縞が観測される（図5.4(a)）. ここで, 図5.1における位相差 ϕ と τ が $\phi = \omega\tau$ の関係にあることに注意せよ.

これに対し, 光電場の振幅, 位相, または振動数が分布をもつ場合には, 光の振動数成分が単一ではなく, ある程度の幅をもつようになる. $E_1(t) = E_2(t) = E(t)$ のとき, その自己相関関数[9]は

$$\langle E(t)^* E(t+\tau) \rangle = \int_{-\infty}^{\infty} S(\omega) e^{-i\omega\tau} d\omega \tag{5.17}$$

---

[9] $\langle E_1(t)^* E_2(t+\tau) \rangle$ を相互相関関数, $\langle E(t)^* E(t+\tau) \rangle$ を自己相関関数という.

と表されることが知られている．式 (5.17) をウィーナー・ヒンチンの定理 (Wiener-Khinchine theorem) という．ここで，$S(\omega)$ は角振動数 ω に関する光の強度分布を表す実数の量で，**パワースペクトル** (power spectrum) という．すなわち，自己相関関数は $S(\omega)$ のフーリエ変換として与えられる．1 次の規格化自己相関関数は，

$$g^{(1)}(\tau) = \frac{\langle E(t)^* E(t+\tau) \rangle}{\langle I \rangle}$$
$$= \int_{-\infty}^{\infty} S(\omega) e^{-i\omega\tau} d\omega \bigg/ \int_{-\infty}^{\infty} S(\omega) d\omega \qquad (5.18)$$

と表される．定義より，$g^{(1)}(0) = 1$ である．

いま，電場 $E(t)$ が

$$E(t) = \frac{1}{\sqrt{2\pi}} \int_{-\infty}^{\infty} f(\omega) e^{-i\omega t} d\omega \qquad (5.19)$$

と書ける場合には，

$$\langle E^*(t) E(t+\tau) \rangle = \frac{1}{2\pi} \int_{-\infty}^{\infty} \int_{-\infty}^{\infty} \int_{-\infty}^{\infty} f^*(\omega') f(\omega) e^{i\omega' t} e^{-i\omega(t+\tau)} d\omega' d\omega dt$$
$$= \int_{-\infty}^{\infty} |f(\omega)|^2 e^{-i\omega\tau} d\omega \qquad (5.20)$$

となるので，$S(\omega) = |f(\omega)|^2$ である．式 (5.19) は，光電場が複素振幅スペクトル $f(\omega)$ による（位相が定まった）重ね合わせで書ける場合を示している．しかし，ウィーナー・ヒンチンの定理 (5.17) は，光電場が式 (5.19) の形で書けない場合，例えば熱放射光のように位相が定まらない状態に対しても適用することができる．

そのような例として，多数の独立な微視系の集合体で構成される光（カオス光）を考える．個々の微視系の発する光の振動数を ω_j，その電場振幅を $E_j(t) = E_j e^{-i\omega_j t}$ とする．異なる微視系の間には位相の相関がなく

$$\langle E_j(t)^* E_{j'}(t+\tau) \rangle = A e^{-i\omega_j \tau} \delta_{jj'} \qquad (5.21)$$

と書けるものとすると，

$$\langle E(t)^* E(t+\tau)\rangle = \sum_{j,j'}\langle E_j(t)^* E_{j'}(t+\tau)\rangle = A\sum_j e^{-i\omega_j \tau} \tag{5.22}$$

となる．いま，ω_j がスペクトル密度 $g(\omega)$ で分布するとき，j についての和を ω についての積分で置き換えると

$$\langle E(t)^* E(t+\tau)\rangle = \int_{-\infty}^{\infty} Ag(\omega)e^{-i\omega\tau}d\omega \tag{5.23}$$

となるから，$S(\omega) = Ag(\omega)$ としたとき，ウィーナー・ヒンチンの定理 (5.17) に帰着することがわかる．

一例として，パワースペクトル $S(\omega)$ が幅（標準偏差）σ のガウス型分布

$$S(\omega) = \frac{1}{\sqrt{2\pi}\sigma}e^{-(\omega-\omega_0)^2/2\sigma^2} \tag{5.24}$$

をもつ場合，1 次のコヒーレンスは，式 (5.18) を用いて

$$g^{(1)}(\tau) = e^{-i\omega_0\tau - \sigma^2\tau^2/2} \tag{5.25}$$

$$\left|g^{(1)}(\tau)\right| = e^{-\sigma^2\tau^2/2} \tag{5.26}$$

となるが，これは τ に関して幅 σ^{-1} のガウス型分布となる．したがって，このような光のコヒーレンスは，$g^{(1)}(0) = 1$, $g^{(1)}(\infty) \to 0$ であって，$\tau_c \simeq \sigma^{-1}$ 程度の**コヒーレンス時間** [10] をもつ（図 5.4(b)）．

このように，光のパワースペクトルと 1 次の相関関数は互いにフーリエ変換の関係にあるので，一方を測定すれば他方を知ることができる．

量子論

BS の入力側の消滅演算子を各々 $i\hat{a}_1(t)$ および $\hat{a}_2(t)$，出力側の消滅演算子を $\hat{a}_{1'}(t)$ とする [11]．式 (5.6) から

$$\hat{a}_{1'}(t) = \frac{i}{\sqrt{2}}\left\{\hat{a}_1(t-\tau_1) + \hat{a}_2(t-\tau_2)\right\} \tag{5.27}$$

---

[10] $\left|g_{12}^{(1)}(\tau)\right|^2$ の幅 $\sigma^{-1}/\sqrt{2}$ をコヒーレンス時間と定義する場合もある．

[11] ここで，式 (5.10) の場合と同じ理由で，$\hat{a}_1(t)$ に位相因子 i を付した．

となる．

　量子論では，時刻 t における光強度は，式 (4.84) で与えた強度演算子で与えられる．以下では，式 (4.84) の係数を省略し，強度演算子を

$$\hat{I}(t) = \hat{a}^\dagger(t)\hat{a}(t) \tag{5.28}$$

とする．したがって，BS の出力における光強度の期待値の時間平均は，

$$\begin{aligned}\langle I\rangle &= \langle \hat{a}_{1'}^\dagger(t)\hat{a}_{1'}(t)\rangle \\ &= \frac{1}{2}\left\{\langle \hat{I}_1(t-\tau_1)\rangle + \langle \hat{I}_2(t-\tau_2)\rangle + 2\mathrm{Re}\,\langle \hat{a}_1^\dagger(t-\tau_1)\hat{a}_2(t-\tau_2)\rangle\right\} \\ &= \frac{1}{2}\left\{\langle I_1\rangle + \langle I_2\rangle + 2\mathrm{Re}\,\langle \hat{a}_1^\dagger(t-\tau_1)\hat{a}_2(t-\tau_2)\rangle\right\}\end{aligned} \tag{5.29}$$

を得る．ここで，古典的取り扱いと同様に 1 次の規格化相関関数

$$g_{12}^{(1)}(\tau) = \frac{\langle \hat{a}_1^\dagger(t)\hat{a}_2(t+\tau)\rangle}{\sqrt{\langle I_1\rangle\langle I_2\rangle}} \tag{5.30}$$

を導入する．ここで，生成演算子が左に，消滅演算子が右に配置されていることに注意せよ [12]．いま，$\tau = \tau_1 - \tau_2$ とおけば，

$$\langle I\rangle = \frac{1}{2}\left\{\langle I_1\rangle + \langle I_2\rangle + 2\sqrt{\langle I_1\rangle\langle I_2\rangle}\,\mathrm{Re}\,g_{12}^{(1)}(\tau)\right\} \tag{5.31}$$

となって，古典的な取扱い式 (5.14) と同様の式になる．ここで，式 (5.30) の分子（相互相関関数）に対して式 (4.80) を用いると，

$$\begin{aligned}\langle \hat{a}_1^\dagger(t)\hat{a}_2(t+\tau)\rangle &= \frac{1}{2\pi}\int_{-\infty}^{\infty}\int_{-\infty}^{\infty}\int_{-\infty}^{\infty}\langle \hat{a}_1^\dagger(\omega')\hat{a}_2(\omega)\rangle e^{i\omega' t}e^{-i\omega(t+\tau)}d\omega' d\omega dt \\ &= \int_{-\infty}^{\infty}\langle \hat{a}_1^\dagger(\omega)\hat{a}_2(\omega)\rangle e^{-i\omega\tau}d\omega\end{aligned} \tag{5.32}$$

を得る．式 (5.20) では $\langle ...\rangle$ として時間平均だけをとったのに対し，式 (5.32) の $\langle ...\rangle$ は時間平均だけではなく量子状態に対する期待値という意味を含んでおり，時間平均をとった後も残っていることに注意せよ．

　また，$\hat{a}_1 = \hat{a}_2 = \hat{a}$ のとき，すなわち自己相関関数は

---

[12] $\hat{a}_1$ と $\hat{a}_2^\dagger$ が可換のときにはそれらの順序はどちらでも同じであるが，後述する自己相関関数 (5.33) の場合は $\hat{a}$ と $\hat{a}^\dagger$ が交換しないので，その順序を守る必要がある．

$$\langle \hat{a}^\dagger(t)\hat{a}(t+\tau)\rangle = \int_{-\infty}^{\infty} \langle \hat{a}^\dagger(\omega)\hat{a}(\omega)\rangle e^{-i\omega\tau} d\omega$$
$$= \int_{-\infty}^{\infty} S(\omega) e^{-i\omega\tau} d\omega \tag{5.33}$$

となる．したがって，$S(\omega) = \langle \hat{a}^\dagger(\omega)\hat{a}(\omega)\rangle$ が，古典的なウィーナー・ヒンチンの定理 (5.17) におけるパワースペクトルに対応する．

具体例として，まず，BS の入力 1, 2 ともに単色光のコヒーレント状態

$$|\Psi\rangle = |\psi_1\rangle \otimes |\psi_2\rangle = |\psi_1, \psi_2\rangle = |\alpha, \alpha\rangle \tag{5.34}$$

にある場合の量子論的扱いを求めておこう．単色光の場合，

$$\langle \Psi|\hat{a}_1^\dagger(t)\hat{a}_2(t+\tau)|\Psi\rangle = \langle \Psi|\hat{a}_1^\dagger e^{i\omega t}\hat{a}_2 e^{-i\omega(t+\tau)}|\Psi\rangle$$
$$= e^{-i\omega\tau}\langle \Psi|\hat{a}_1^\dagger \hat{a}_2|\Psi\rangle \tag{5.35}$$

であり，

$$\langle \alpha,\alpha|\hat{a}_1^\dagger \hat{a}_2|\alpha,\alpha\rangle = \alpha^*\alpha = |\alpha|^2 \tag{5.36}$$
$$\langle I_1\rangle = \langle I_2\rangle = |\alpha|^2 \tag{5.37}$$

を用いると，

$$g_{12}^{(1)}(\tau) = e^{-i\omega\tau} \tag{5.38}$$

を得る．すなわちコヒーレント状態は，古典的単色光 (5.16) とまったく同様の 100%の強度変調をもつ干渉を示し，その名のとおりコヒーレントであることがわかる．

次に，BS の入力 1, 2 ともに単色光の光子数状態

$$|\Psi\rangle = |n,n\rangle \tag{5.39}$$

にある場合を考えよう．この場合には

$$\langle n, n | \hat{a}_1^\dagger \hat{a}_2 | n, n \rangle = 0 \tag{5.40}$$

であるから，$g_{12}^{(1)} = 0$ となって，干渉による強度の変調は現れない．これは，各々の光子数状態は相互の位相が不確定であるために干渉しないと解釈することができる．

単色光の 1 光子が BS の入力 1, 2 のどちらかにある重ね合わせ状態

$$\begin{aligned}|\Psi\rangle &= \frac{1}{\sqrt{2}}(\hat{a}_1^\dagger + \hat{a}_2^\dagger)|0,0\rangle \\ &= \frac{1}{\sqrt{2}}(|1,0\rangle + |0,1\rangle)\end{aligned} \tag{5.41}$$

にある場合はどうであろうか．この場合は，

$$\langle \Psi | \hat{a}_1^\dagger \hat{a}_2 | \Psi \rangle = \langle I_1 \rangle = \langle I_2 \rangle = \frac{1}{2} \tag{5.42}$$

$$g_{12}^{(1)} = e^{-i\omega\tau} \tag{5.43}$$

となるので，コヒーレント状態の場合と同様，100%の変調が現れる．これは，単一の光子状態はそれ自身と干渉することを示している．この状況は，第 1 章で述べた「光子の裁判」で扱われていたものである．このような干渉は，単一の光子を発生する光源を準備すれば，ヤングの二重スリットあるいはマッハ・ツェンダー干渉計（図 5.1）を用いて実際に測定することができる．6.3 節でそのような実験について紹介する．

さらに，単色光ではなく，複素振幅スペクトル $f(\omega)$ で表される縦モード（これをモード f と呼ぼう）に関する光子を考える．このモードに関する消滅演算子を

$$\hat{b}_j(t) = \int_{-\infty}^{\infty} \hat{a}_j(\omega) f(\omega) e^{-i\omega t} d\omega \quad (j = 1, 2) \tag{5.44}$$

と書こう．ここで，j は光路を区別する添字，$f(\omega)$ は

$$\int_{-\infty}^{\infty} |f(\omega)|^2 d\omega = 1 \tag{5.45}$$

を満たす．1 光子が BS の入力 1, 2 のどちらかでモード f にある重ね合わせ状態

にあるとき,

$$\langle \hat{a}_1^\dagger(t)\hat{a}_2(t+\tau)\rangle = \int_{-\infty}^{\infty} \langle\Psi|\hat{a}_1^\dagger(\omega)\hat{a}_2(\omega)|\Psi\rangle e^{-i\omega\tau}d\omega$$
$$= \frac{1}{2}\int_{-\infty}^{\infty} |f(\omega)|^2 e^{-i\omega\tau}d\omega \tag{5.47}$$

$$\langle I_1\rangle = \langle I_2\rangle = \frac{1}{2} \tag{5.48}$$

を得る.したがって,

$$g_{12}^{(1)}(\tau) = \int_{-\infty}^{\infty} |f(\omega)|^2 e^{-i\omega\tau}d\omega \tag{5.49}$$

すなわち,1 次の規格化相関関数は,同じスペクトルをもつ古典光の場合と同様にパワースペクトル $S(\omega) = |f(\omega)|^2$ のフーリエ変換で与えられ,コヒーレンス時間はスペクトル幅の逆数程度となる.

5.3　2 次の干渉 —強度の干渉—

　前節で述べた 1 次の干渉は,光の電場の相関に基づく現象であった.本節では,光の 2 次の干渉,すなわち光の強度の相関に基づく現象について述べる.

　光の強度の空間的,時間的相関を用いた実験を最初に提案・実行したのは,Hanbury Brown および Twiss である.彼らは,恒星の視直径を測る方法として,1 つの恒星からの光を離れた 2 つの検出器で受け,2 つの検出器の位置における光強度の相関を測定する方法 [7,8] を提案し,その方法で実際に恒星の視直径を測定している.彼らはまた,光の強度の時間相関を測定する方法も提案した [9].本節では,光の強度の相関について調べよう.

古典論

　図 5.5 に,Hanbury Brown および Twiss による,光の 2 次の干渉(強度の時間相関)測定の概念図を示す.1 次の干渉測定(図 5.3)では,入力光 1 および

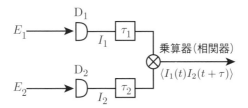

図 5.5 光の強度の時間相関を測定する実験系．入力光1および2は，検出器 D_1 および D_2 で各々の光強度 I_1 および I_2 に比例した電気信号に変換された後，遅延 τ_1 および τ_2 を経て乗算器で掛け合わされる．乗算器の位置における入力1と2の信号の遅延時間の差は $\tau = \tau_1 - \tau_2$ である．信号の遅延は，検出器の前の光路差を用いて行うこともできる．

2 を BS に入射し，電場振幅についての相関（干渉）を測定したが，2次の干渉測定では，入力光1および2をそのまま光検出器に入射し，各々の検出器の出力信号 $I_1(t)$ および $I_2(t+\tau)$ を測定する．ここで，τ は入力1と2の信号の遅延時間の差 $\tau = \tau_1 - \tau_2$ である．強度干渉の実験の場合には，時間差 τ として検出器までの光路差で遅延をつけてもよいし，検出器からの出力信号（電気信号）に遅延をつけてもよい．そして，各々の検出器の出力信号は乗算器で掛け合わされた後，時間平均される．その出力信号 $\langle I_1(t)I_2(t+\tau)\rangle$ が強度相関である．その様子を調べよう．

入力光の電場を $E_1(t)$ および $E_2(t)$ とすれば，

$$I_1(t) = |E_1(t)|^2 \tag{5.50}$$

$$I_2(t) = |E_2(t)|^2 \tag{5.51}$$

である．したがって，

$$\begin{aligned}\langle I_1(t)I_2(t+\tau)\rangle &= \langle |E_1(t)|^2 |E_2(t+\tau)|^2\rangle \\ &= \langle E_1(t)^* E_2(t+\tau)^* E_2(t+\tau) E_1(t)\rangle\end{aligned} \tag{5.52}$$

となる．ここで，量子化した場合との対応をつけるために電場の順番を考慮して書いた．いま，式 (5.13) に対応して，

$$g_{12}^{(2)}(\tau) = \frac{\langle I_1(t)I_2(t+\tau)\rangle}{\langle I_1\rangle\langle I_2\rangle}$$

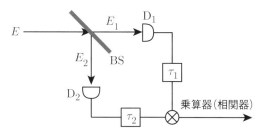

図 5.6　単一光源の強度の時間相関を測定する実験系.

$$= \frac{\langle E_1(t)^* E_2(t+\tau)^* E_2(t+\tau) E_1(t) \rangle}{\langle I_1 \rangle \langle I_2 \rangle} \quad (5.53)$$

という量を定義する．$g_{12}^{(2)}(\tau)$ を **2 次の規格化相関関数**，その値を **2 次のコヒーレンス**という．これを用いて，式 (5.52) は

$$\langle I_1(t) I_2(t+\tau) \rangle = \langle I_1 \rangle \langle I_2 \rangle g_{12}^{(2)}(\tau) \quad (5.54)$$

と書ける．また，$I_1(t) = I_2(t) = |E(t)|^2$ の場合，

$$\begin{aligned} g^{(2)}(\tau) &= \frac{\langle I(t) I(t+\tau) \rangle}{\langle I \rangle^2} \\ &= \frac{\langle E(t)^* E(t+\tau)^* E(t+\tau) E(t) \rangle}{\langle I \rangle^2} \end{aligned} \quad (5.55)$$

となる．$g^{(2)}(\tau)$ を **2 次の規格化自己相関関数**，または **強度相関関数**という．$g^{(2)}(\tau)$ の測定では，例えば入力光を BS で 2 光路に分け，それらの間の $g_{12}^{(2)}(\tau)$ を測定すればよい（図 5.6）．

光電場および光強度が古典量である場合，その強度相関には以下のような性質がある．まず，$\sigma(I)^2 = \langle (I(t) - \langle I \rangle)^2 \rangle$ とすると，

$$\langle I(t)^2 \rangle = \langle I \rangle^2 + \sigma(I)^2 \geq \langle I \rangle^2 \quad (5.56)$$

であるから，

$$g^{(2)}(0) = 1 + \frac{\sigma(I)^2}{\langle I \rangle^2} \geq 1 \quad (5.57)$$

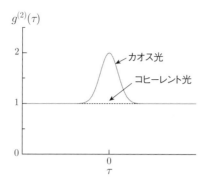

図 5.7 古典的強度相関関数.

である.また,シュワルツの不等式より,

$$\langle I(t)I(t+\tau)\rangle^2 \leq \langle I(t)^2\rangle\langle I(t+\tau)^2\rangle = \langle I(t)^2\rangle^2 \tag{5.58}$$

であるから,

$$g^{(2)}(\tau) \leq g^{(2)}(0) \tag{5.59}$$

が成り立つ.さらに,$\tau \to \infty$ のとき,強度の相関がなくなり

$$\langle I(t)I(t+\tau)\rangle \to \langle I(t)\rangle\langle I(t+\tau)\rangle = \langle I(t)\rangle^2 \tag{5.60}$$

となるような場合には,

$$g^{(2)}(\infty) \to 1 \tag{5.61}$$

である.したがって,ゆらぎのある $(\sigma(I)^2 > 0)$ 古典的な光の強度相関関数は一般的に図 5.7 のような形となる.すなわち,$\tau = 0$ の近辺で相関が大きくなる $(g^{(2)}(0) \geq 1)$.

また,式 (5.21) で考えたような,多数の独立な微視系の集合体で構成される光源からの光(カオス光)に対しては,

$$g^{(2)}(\tau) = 1 + \left|g^{(1)}(\tau)\right|^2 \tag{5.62}$$

となることがわかる．すなわち，カオス光では，1 次のコヒーレンスと 2 次のコヒーレンスとは式 (5.62) の関係にあり，片方を求めれば他方を求めることができる．

一方，ゆらぎのない単色光 $E = |E|e^{-i\omega t}$ の場合には，

$$\langle I(t)I(t+\tau)\rangle = \langle I(t)^2\rangle = \langle I\rangle^2 \tag{5.63}$$

であるから，

$$g^{(2)}(\tau) = 1 \tag{5.64}$$

である．このように，古典的単色光は 1 次および 2 次のコヒーレンスも 1 である．

量子論

量子論では，図 5.5 における各々の検出器の出力信号は，強度演算子

$$\hat{I}_1(t) = \hat{a}_1^\dagger(t)\hat{a}_1(t) \tag{5.65}$$

$$\hat{I}_2(t) = \hat{a}_2^\dagger(t)\hat{a}_2(t) \tag{5.66}$$

で表され，式 (5.53) に対応した 2 次の規格化相関関数は，

$$g_{12}^{(2)}(\tau) = \frac{\langle \hat{a}_1^\dagger(t)\hat{a}_2^\dagger(t+\tau)\hat{a}_2(t+\tau)\hat{a}_1(t)\rangle}{\langle \hat{I}_1\rangle\langle \hat{I}_2\rangle} \tag{5.67}$$

と定義される．この形から，2 次の相関関数は 2 個の光子に関する相関であることがわかる．$\hat{a}_1$ と $\hat{a}_2^\dagger$ が可換のとき，式 (5.67) の分子は

$$\langle \hat{a}_1^\dagger(t)\hat{a}_1(t)\hat{a}_2^\dagger(t+\tau)\hat{a}_2(t+\tau)\rangle = \langle \hat{I}_1(t)\hat{I}_2(t+\tau)\rangle \tag{5.68}$$

となり，古典的定義 (5.53) に対応する．

また，$\hat{a}_1 = \hat{a}_2 = \hat{a}$ のとき，すなわち 2 次の規格化自己相関関数（強度相関関数）は

$$g^{(2)}(\tau) = \frac{\langle \hat{a}^\dagger(t)\hat{a}^\dagger(t+\tau)\hat{a}(t+\tau)\hat{a}(t)\rangle}{\langle \hat{I}\rangle^2} \tag{5.69}$$

と定義される．この場合，$\hat{a}$ と $\hat{a}^\dagger$ は交換せず，

$$\langle \hat{a}^\dagger(t)\hat{a}^\dagger(t+\tau)\hat{a}(t+\tau)\hat{a}(t)\rangle \neq \langle \hat{I}(t)\hat{I}(t+\tau)\rangle \tag{5.70}$$

であるから，量子論での $g^{(2)}(\tau)$ には，古典論の場合のような式 (5.57) や式 (5.59) の関係は必ずしも成立しないことになる．

次に，いくつかの具体的な状態に関する強度相関関数を求めよう．まず，単色光の場合を考える．その場合には，$\hat{a}(t) = \hat{a}e^{-i\omega t}$ であるから

$$\begin{aligned}
\langle \hat{a}^\dagger(t)\hat{a}^\dagger(t+\tau)\hat{a}(t+\tau)\hat{a}(t)\rangle &= \langle \hat{a}^\dagger\hat{a}^\dagger\hat{a}\hat{a}\rangle \\
&= \langle \hat{a}^\dagger(\hat{a}\hat{a}^\dagger - 1)\hat{a}\rangle \\
&= \langle \hat{n}^2\rangle - \langle \hat{n}\rangle
\end{aligned} \tag{5.71}$$

$$\begin{aligned}
g^{(2)}(\tau) &= \frac{\langle \hat{n}^2\rangle - \langle \hat{n}\rangle}{\langle \hat{n}\rangle^2} \\
&= 1 + \frac{\sigma(n)^2 - \langle \hat{n}\rangle}{\langle \hat{n}\rangle^2} \\
&= 1 + \frac{F - 1}{\langle \hat{n}\rangle}
\end{aligned} \tag{5.72}$$

となって，$g^{(2)}(\tau)$ は τ に依存せず，光子数の平均値とゆらぎのみに依存する．ここで，F は式 (4.39) で定義した Fano 因子である．$F < 1$ すなわちサブポアソン分布を与えるような状態に対しては，$g^{(2)}(\tau) < 1$ となり，古典的な不等式式 (5.57) を満たさない．このような光の状態は，ゆらぎが古典的に許される状態よりも小さくなる点で非古典的な状態である．逆に，古典的なゆらぎの状態に対する不等式 (5.57) は，$F \geq 1$ すなわちポアソンまたはスーパーポアソン分布を与えることがわかる．

コヒーレント状態 $|\alpha\rangle$ の場合は，光子数はポアソン分布となり，

$$\sigma(n)^2 = \langle \hat{n}\rangle \tag{5.73}$$

であったから，

$$g^{(2)}(\tau) = 1 \tag{5.74}$$

となり，古典的な単色光と同じ結果を得る．

光子数状態 $|n\rangle$ の場合は，

$$\langle \hat{n} \rangle = n \tag{5.75}$$
$$\sigma(n)^2 = 0 \tag{5.76}$$

であるから，

$$g^{(2)}(\tau) = 1 - \frac{1}{n} < 1 \tag{5.77}$$

となって，古典的な不等式 (5.57) を満たさない．すなわち，光子数状態は非古典的な量子状態のひとつと言える．特に，単一光子状態 ($n=1$) のとき，$g^{(2)}(\tau) = 0$ となる．

熱放射状態では，式 (4.63) より

$$\sigma(n)^2 = \langle \hat{n} \rangle + \langle \hat{n} \rangle^2 \tag{5.78}$$

であるから，

$$g^{(2)}(\tau) = 2 \tag{5.79}$$

を得る[13]．

光子のバンチングとアンチバンチング

次に，古典的なゆらぎの議論から得られるもうひとつの不等式 (5.59)

$$g^{(2)}(\tau) \leq g^{(2)}(0) \tag{5.80}$$

---

[13] 有限のスペクトル幅をもつ場合は，古典的表式 (5.62) からもわかるように，$g^{(2)}(\tau)$ は $g^{(2)}(0) = 2$ をピークとしてコヒーレンス時間程度の時間幅をもつ．

について，量子論から考えてみよう[14]．強度相関関数 (5.69) の分子には，生成・消滅演算子が各々2個含まれていることから，強度相関とは，第1の光子を t に，第2の光子を $t+\tau$ に見出す確率，すなわち2個の光子間の時間相関を表していることがわかる．このことから，古典的不等式 (5.59) は，2個の光子を同時に観測する確率が，2個の光子を τ だけ離れた時間に観測する確率よりも大きいことを示している．すなわち，光子の**バンチング**を表している．これに対し，

$$g^{(2)}(0) < g^{(2)}(\tau) \tag{5.81}$$

となるような非古典的状態は，2個の光子を同時に観測する確率が，離れた時間に観測する確率よりも小さいこと，すなわち光子の**アンチバンチング**を表す．このような非古典的状態の光を**アンチバンチド光**という．また，コヒーレント状態のように

$$g^{(2)}(\tau) = g^{(2)}(0) \tag{5.82}$$

となるのは光子間の時間的相関がランダムになる場合である．アンチバンチド光は，対応する古典的描像が存在しないことから，サブポアソン光と並んで光の非古典的量子性を特徴づけるものである．

図 5.8 に，光子の時間相関の様子を (a) バンチング，(b) ランダム（コヒーレント），(c) アンチバンチングの順に示す．図の横軸に時間をとり，縦棒の位置が光子を検出した時間を表す．また，図 5.9(a) に，それらの状態に対する $g^{(2)}(\tau)$ の様子を示す．

このような関係は，周期的なパルス光の強度相関を考えるとさらに明瞭になる．いま，各々のパルスが（時間・周波数に関する）単一モードを形成していると仮定し，その各々のパルス（モード）についての消滅演算子を $\hat{b}_j$（j: 整数）と書く．また，それらの間には交換関係

$$[\hat{b}_j^\dagger, \hat{b}_{j'}] = \delta_{jj'} \tag{5.83}$$

---

[14] 単色光の場合は $g^{(2)}(\tau)$ は τ に依存しないから，$g^{(2)}(\tau) \neq g^{(2)}(0)$ となるのは単色光以外，すなわち有限のスペクトル幅をもつ場合である．

図 5.8　光子検出における時間相関の例. (a) バンチング, (b) ランダム（コヒーレント）, (c) アンチバンチング.

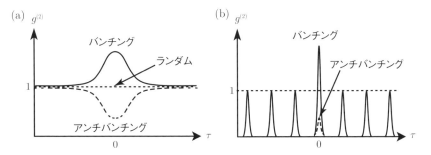

図 5.9　強度相関 $g^{(2)}$ の時間依存性の例. (a) 連続 (CW) 光の場合, (b) 周期的パルス光の場合.

が成立するものとする．このとき，2 次の規格化相関関数は

$$g^{(2)}_{jj'} = \frac{\langle \hat{b}_j^\dagger \hat{b}_{j'}^\dagger \hat{b}_{j'} \hat{b}_j \rangle}{\langle \hat{n}_j \rangle \langle \hat{n}_{j'} \rangle} \tag{5.84}$$

と書くことができる．ここで，$\hat{n}_j = \hat{b}_j^\dagger \hat{b}_j$ である．いま，パルス間隔を Δ とすると，$\tau = \Delta(j' - j)$ であり，$j = j'$ が $\tau = 0$ に対応する．

さて，各々のモードが同じ平均光子数 $\langle \hat{n}_j \rangle = \langle n \rangle$ をもつ状態にあったとき，式 (5.84) は，

$$\begin{aligned} g^{(2)}_{jj'} &= \frac{\langle \hat{b}_j^\dagger \hat{b}_{j'}^\dagger \hat{b}_{j'} \hat{b}_j \rangle}{\langle n \rangle^2} \\ &= \frac{\langle \hat{n}_j \hat{n}_{j'} - \hat{n}_j \delta_{jj'} \rangle}{\langle n \rangle^2} \end{aligned} \tag{5.85}$$

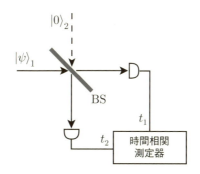

図 5.10 光子検出器を用いた強度相関測定の概念図.

となる.異なるパルス間 $(j \neq j')$ における光子数の相関がないとき,すなわち $\langle \hat{n}_j \hat{n}_{j'} \rangle = \langle \hat{n}_j \rangle \langle \hat{n}_{j'} \rangle = \langle n \rangle^2$ のときは,

$$g^{(2)}_{j \neq j'} = 1 \tag{5.86}$$

となって,無相関な古典光と同じ結果となる.一方,$j = j'$ のときは

$$g^{(2)}_{j=j'} = \frac{\langle \hat{n}^2 \rangle - \langle n \rangle}{\langle n \rangle^2} \tag{5.87}$$

となり,単色光の場合,すなわち式 (5.72) と同じ結果を得ることがわかる(ここで,$\hat{n}_j = \hat{n}$ とおいた).したがって,単色光の場合に求めたように,各々のパルスが熱放射状態にあるときは $g^{(2)}_{j=j'} = 2$,コヒーレント状態にあるときは $g^{(2)}_{j=j'} = 1$,光子数状態にあるときは $g^{(2)}_{j=j'} = 1 - n^{-1} < 1$ となり,それらは各々,上述したバンチング,ランダム(コヒーレント),アンチバンチングの場合に対応することがわかる(図 5.9(b) 参照).

強度相関の測定

図 5.10 に,光子検出器を用いた強度相関測定系の例を示す.光源からの光をビームスプリッタで光束を 2 つに分けた後,2 個の光子検出器で受光する.各々の光子検出器は,光子を検出した際の出力信号として電気パルスを発する.光子検出器から出力信号が生じた時間 t_1 と,もう一方検出器から出力信号が生じた時間 t_2 に対し,双方のパルスの時間差 $t_2 - t_1 = \tau$ を時間相関測定器を用い

て測定し，τ に対する頻度分布を測定する．このような装置により，各検出器間の 2 次の相関関数が測定され，そこから，以下に説明するように，入力状態に対する $g^{(2)}(\tau)$ を求めることができる．

BS の入力側の消滅演算子を各々 $\hat{a}_1$ および $\hat{a}_2$，出力側の消滅演算子を $\hat{a}_{1'}$ および $\hat{a}_{2'}$ とする．それらの演算子間の関係は式 (5.6) で与えられている．時刻 t における光子検出の確率[15]は，各々の強度演算子の期待値 $\langle \hat{I}_{1'}(t) \rangle = \langle \hat{a}_{1'}^\dagger(t) \hat{a}_{1'}(t) \rangle$ および $\langle \hat{I}_{2'}(t) \rangle = \langle \hat{a}_{2'}^\dagger(t) \hat{a}_{2'}(t) \rangle$ に比例する．式 (5.6) を用いて $\hat{I}_{1'}$ を変換すると，

$$\hat{I}_{1'}(t) = \frac{1}{2} \left\{ \hat{a}_1^\dagger(t) \hat{a}_1(t) + i \hat{a}_1^\dagger(t) \hat{a}_2(t) - i \hat{a}_2^\dagger(t) \hat{a}_1(t) + \hat{a}_2^\dagger(t) \hat{a}_2(t) \right\} \quad (5.88)$$

を得る．BS の一方から入力光 $|\psi\rangle_1$，他方からは真空状態 $|0\rangle_2$ が入るとすると，入力光の全系の状態は $|\Psi\rangle = |\psi\rangle_1 \otimes |0\rangle_2$ である．真空状態 $|0\rangle_2$ について期待値をとるとき，式 (5.88) の第 2 項以降は寄与しないから，

$$\langle \hat{I}_{1'}(t) \rangle = \frac{1}{2} \langle \hat{a}_1^\dagger(t) \hat{a}_1(t) \rangle = \frac{1}{2} \langle \hat{I}_1(t) \rangle \quad (5.89)$$

を得る．$\langle \hat{I}_{2'} \rangle$ も同様である．

また，時刻 t に検出器 1 が光子を検出し，時刻 $t + \tau$ に検出器 2 が光子を検出する結合確率は $\langle \hat{I}_{1'}(t) \hat{I}_{2'}(t+\tau) \rangle$ に比例し，

$$\begin{aligned} \hat{I}_{1'}(t) \hat{I}_{2'}(t+\tau) &= \hat{a}_{1'}^\dagger(t) \hat{a}_{1'}(t) \hat{a}_{2'}^\dagger(t+\tau) \hat{a}_{2'}(t+\tau) \\ &= \hat{a}_{1'}^\dagger(t) \hat{a}_{2'}^\dagger(t+\tau) \hat{a}_{2'}(t+\tau) \hat{a}_{1'}(t) \end{aligned} \quad (5.90)$$

である．ここで，$\hat{a}_{1'}$ と $\hat{a}_{2'}^\dagger$ は可換であることを用いた[16]．式 (5.90) を式 (5.6) を用いて入力側の演算子へ変換し，$|0\rangle_2$ について期待値をとるときに残る項は，

$$\langle \hat{I}_{1'}(t) \hat{I}_{2'}(t+\tau) \rangle = \frac{1}{4} \langle \hat{a}_1^\dagger(t) \hat{a}_1^\dagger(t+\tau) \hat{a}_1(t+\tau) \hat{a}_1(t) \rangle \quad (5.91)$$

である．したがって，

---

[15] 正確には，時刻 t から $t + \Delta t$ までの間に光子が検出される確率．ここで，時間 Δt を十分に小さくとり，その間に検出器に入射する平均光子数は 1 よりも十分に小さいと仮定する．

[16] ここで演算子の順序を変えなくとも後の結果はもちろん同じであるが，あらかじめ順序を変えることで，$|0\rangle_2$ について期待値をとるときの計算が簡単になる．

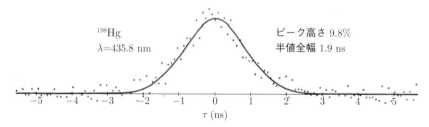

図 5.11 古典的カオス光の強度相関の測定例 [10]．横軸は 2 光子の時間差 τ，縦軸は強度相関関数 $g^{(2)}(\tau)$（縦軸のベースラインは $g^{(2)}(\tau) = 1$）．

$$\frac{\langle \hat{I}_{1'}(t)\hat{I}_{2'}(t+\tau)\rangle}{\langle \hat{I}_{1'}\rangle\langle \hat{I}_{2'}\rangle} = \frac{\langle \hat{a}_1^\dagger(t)\hat{a}_1^\dagger(t+\tau)\hat{a}_1(t+\tau)\hat{a}_1(t)\rangle}{\langle \hat{I}_1\rangle^2} \tag{5.92}$$

を得る．式 (5.92) の左辺は BS からの 2 出力間の 2 次の規格化相関関数，右辺は入力 1 に対する 2 次の規格化自己相関関数 $g^{(2)}(\tau)$ すなわち式 (5.69) に他ならない．このように，BS の 2 出力における 2 次の相関関数を測定することで，入力 1 に対する 2 次の自己相関関数（強度相関関数）を測定できることがわかる．

このようにして調べられた古典的カオス光の強度相関の測定例を図 5.11 に示す [10]．この例では光源として水銀（^{198}Hg）の波長 435.8 nm の輝線が用いられた．強度相関関数 $g^{(2)}(\tau)$ には，$\tau = 0$ を中心として 2 ns 程度の幅をもつピークが観測され，古典的カオス光に期待されるバンチング特性（図 5.7 および図 5.9 参照）が認められることがわかる [17]．

---

[17] 図 5.11 の測定例では，ピークの高さとベースラインの高さの比は理論値 2:1 よりもかなり小さく，1.1:1 程度にすぎない．その理由のひとつは，用いられた測定系の時間分解能（約 1.8 ns）が光源のコヒーレンス時間（約 0.7 ns）に達しておらず，ピークが鈍って測定されたためである．

第6章 単一光子の発生

　この章では，量子光学や光を用いた量子情報通信技術において重要な**単一光子** (single photon) の概念について調べる．「単一光子」とは，理想的にはひとつのモードあるいはいくつかのモードにまたがって光子が 1 個励起されている状態を指すが，実用的には，ある時空間において光子を検出した際に 2 個以上の光子が検出される確率が 0 である状態を指す場合が多い．後者では光子数は 0 または 1 であって，光子数が 1 に確定した状態ではないが，2 個以上の光子が存在しないことが確定できることから，量子情報通信，特に量子暗号において実用上重要な状態である．

6.1　単一光子と強度相関

　単一光子状態を論じるうえで重要な光子の時間的な単一性は，5.3 節，式 (5.69) で述べた 2 次の規格化自己相関関数（強度相関関数）$g^{(2)}$ で定量的に表すことができる．単一光子状態では，同時に 2 個以上の光子が観測されることはないから，$g^{(2)}(0) = 0$ である．前述したように，$g^{(2)}(0) < g^{(2)}(\tau)$ となるような状態を，光子のアンチバンチングというが，単一光子状態とは，$g^{(2)}(0) = 0$ となる最もアンチバンチングした状態であると言える．

　実験的には，強度相関関数は図 5.10 に示したような装置で測定される．その際，測定対象となる「単一光子源」が連続 (CW) 光源であれば，その強度相関関数には $\tau = 0$ を中心としてある時間幅をもつディップ ($g^{(2)}(0) = 0$) が現れる（図 6.1(a)）．これに対し，測定対象となる単一光子源が周期的パルス光源であれば強度相関関数も同じ繰り返し周期をもつパルス状となり，その $\tau = 0$ にお

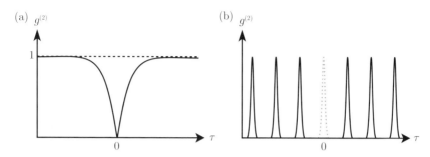

図 6.1 単一光子源に対する強度相関 $g^{(2)}(\tau)$ の測定例．(a) 連続 (CW) 光，および (b) 周期的パルス光の場合．

ける値が 0 となる（図 6.1(b)）．

6.2　単一の量子系を用いた単一光子発生

単一光子の発生にはいくつかの方法が提案されているが，そのひとつが，単一の原子，分子，束縛電子など，単一の量子系における電子遷移に伴う発光を利用する方法である．すなわち，これらの単一量子系における電子のフェルミオン性に基づき，同じ時刻・状態に複数の光子が発生しないよう制御された光源として利用するものである．このような方法による単一光子の発生は，単一原子の共鳴発光において実現しうることが理論的に予言され [11]，ほどなくして Na 等の単一の原子の共鳴発光において実験的に観測された [12,13]．このような単一光子状態は，単一原子以外にも，単一イオンの共鳴発光 [14]，単一分子の発光 [15,16]，固体中の単一不純物準位からの発光 [17]，半導体中の単一量子ドットからの発光 [18–20]，単一有機ナノ結晶からの発光 [21] のように，単一の量子系からの電子遷移による発光を分離して受光することによって観測されている．このような単一光子発生に関する解説論文として，単一原子を用いた初期の研究に関するもの [22,23] や，単一分子や固体を用いた研究に関するもの [24,25] が参考になるだろう．

ここではまず，単一原子や単一イオンの共鳴発光の場合のように，図 6.2(a) に示すような 2 準位系を共鳴励起した場合に，励起光とは異なる空間モードに

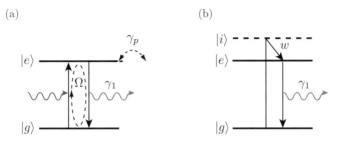

図 6.2 (a) 2 準位系，および (b) 3 準位系を用いた単一光子発生の概念図．γ_1: 輻射緩和率，γ_p: 純位相緩和率，Ω: ラビ周波数，w: 励起確率．

放出される光子の強度相関関数を考える．いま，時刻 $t=0$ において第 1 の光子が放出されたとする．このとき，2 準位系は基底状態 $|g\rangle$ にあり，励起状態 $|e\rangle$ にある確率 p_e は 0 である．ある時刻において，第 2 の光子が放出される確率は，p_e に比例する．したがって，$g^{(2)}(\tau)$ は，$t=\tau(\geq 0)$ における p_e に比例することになる．励起光とは異なる多数の空間モードのどれかに光子が放出される場合，共鳴励起に対して輻射緩和項が加わることになり，$t=0$ で 0 であった p_e は，$t \to \infty$ で有限の一定値に近づき，このとき $g^{(2)} \to 1$ である．したがって強度相関関数は，$g^{(2)}(0) = 0$, $g^{(2)}(\infty) \to 1$ なるアンチバンチング特性を示すことになる．その様子は，励起強度（ラビ周波数 Ω），輻射緩和率 γ_1, 純位相緩和率 γ_p の値により次のような場合に分けることができる [11, 22, 23]．

(a) 弱励起 ($\Omega \ll \gamma_1$) かつ純位相緩和がない ($\gamma_p = 0$) 場合．

$$g^{(2)}(\tau) = \left(1 - e^{-\gamma_1 \tau/2}\right)^2 \tag{6.1}$$

(b) 弱励起かつ純位相緩和が大きい ($\Omega \ll \gamma_1 \ll \gamma_p, 1 \ll \gamma_p \tau$) の場合．

$$g^{(2)}(\tau) = 1 - e^{-\gamma_1 \tau} \tag{6.2}$$

(c) 強励起 ($\Omega \gg \gamma_1, \gamma_p$) の場合．

$$g^{(2)}(\tau) = 1 - e^{-(\gamma_1+\gamma_2)\tau/2} \cos \Omega \tau \tag{6.3}$$

ここで，$\gamma_2 = \gamma_1/2 + \gamma_p$ である．これらの強度相関関数の概略を図 6.3 に示す．

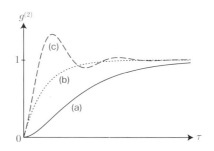

図 6.3 2 準位原子系の共鳴発光における強度相関 $g^{(2)}(\tau)$ の計算例. (a) 弱励起かつ純位相緩和がない場合, (b) 弱励起かつ位相緩和が大きい場合, (c) 強励起の場合.

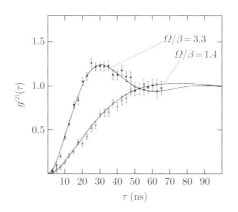

図 6.4 単一 Na 原子の共鳴発光における強度相関 $g^{(2)}(\tau)$ を求めた実験例 [12, 13].

式 (6.1)–(6.3) のいずれの場合も, $g^{(2)}(0) = 0$ となって, アンチバンチング特性を示す単一光子状態が実現されることがわかる. また, 強励起の場合に現れる振動構造は, 共鳴励起光と 2 準位系との間のラビ振動に由来する.

図 6.4 に, 単一 Na 原子からの共鳴発光の強度相関の実験例を示す [12, 13]. $\tau = 0$ の付近で $g^{(2)} \sim 0$ になっており, $\tau \neq 0$ で $g^{(2)}$ が増加し, 1 に近づくことがわかる. このことは, 2 光子が同時には放出されないことを示しており, 単一原子においては 2 電子が同時に同じエネルギー準位に励起されないという, 強い光学非線形性を反映したものである.

一方,分子や固体不純物および半導体量子ドットにおいては,光励起によって励起される状態と,発光を観測する始状態は異なるのが普通である.このような場合に適用される単一の3準位系モデルについて考える(図6.2(b)).系は基底状態 $|g\rangle$ から中間励起状態 $|i\rangle$ に励起された後ただちに発光の始状態 $|e\rangle$ に緩和し,その後発光を伴って基底状態に戻るものとする.時刻 $\tau = 0$ において第1の光子が放出された後,単位時間内に $|g\rangle$ から $|i\rangle$ を経て $|e\rangle$ へ励起される確率を w,$|e\rangle$ から $|g\rangle$ への輻射緩和率を γ_1,時刻 τ において系が $|g\rangle$, $|e\rangle$ にある確率を各々 $p_g(\tau)$, $p_e(\tau)$ とすると,次のレート方程式が成り立つ.

$$\frac{d}{d\tau}p_e(\tau) = wp_g(\tau) - \gamma_1 p_e(\tau) \tag{6.4}$$

また,

$$p_g(\tau) + p_e(\tau) = 1 \tag{6.5}$$

$$p_e(0) = 0 \tag{6.6}$$

であることに注意して式 (6.4) を解くと,

$$p_e(\tau) = \frac{w}{\gamma_1 + w}\left(1 - e^{-(\gamma_1 + w)\tau}\right) \tag{6.7}$$

を得る.したがって,この系からの発光の強度相関は,

$$g^{(2)}(\tau) = \frac{p_e(\tau)}{p_e(\infty)} = 1 - e^{-(\gamma_1 + w)\tau} \tag{6.8}$$

となり [18],式 (6.2) と同じ指数関数型となることがわかる[1].この場合も,$g^{(2)}(0) = 0$ となって,アンチバンチング特性を示す単一光子状態が実現される.

半導体を用いた単一光子発生が初めて確認されたのは,コロイド溶液法で作製された CdSe 量子ドットを用いた実験 [18] である.図 6.5 に示すように,多数の量子ドットを含むクラスターからの発光ではアンチバンチングは観測されないが,単一の量子ドットからの発光では明瞭なアンチバンチングが観測され,

---

[1] レート方程式 (6.4) が成立するのは,$|i\rangle$ から $|e\rangle$ への速い緩和により位相情報が失われる,すなわち速い位相緩和がある場合に相当する.

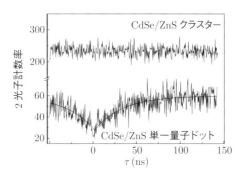

図 6.5 CdSe 単一量子ドットからの発光の強度相関の実験例 [18]．多数の量子ドットからなる集合体（上）と単一量子ドットからの発光（下）の強度相関．

式 (6.8) で決まるその時間スケールは数 10 ns である．なお，長い時間スケールでは量子ドットからのキャリアのイオン化による点滅現象 [26] に伴うバンチング ($g^{(2)}(\tau) > g^{(2)}(\infty)$)）が観測されることも知られている．図 6.5 に示した実験では，アンチバンチングを示してはいるものの，$g^{(2)}(0)$ の値が 0 まで下がりきってはおらず，単一光子状態としてはまだ不完全な状態であった．同様な物質系を用いた低温における実験では，さらに明瞭な（より小さな $g^{(2)}(0)$ の値をもつ）単一光子発生が観測されている [27]．

上述のコロイド量子ドットでの実験とほぼ同時期に，半導体表面上に自己組織化成長した単一量子ドット試料からの単一光子発生も観測された．GaAs 表面上に成長した InAs 単一量子ドット試料からの発光のアンチバンチングを観測した例 [19] では，励起光として周期的な短パルスを発生するレーザーを用い，その周期に同期した発光の強度相関を観測している（図 6.6）．実験結果では同一（$\tau = 0$）のパルスにおける強度相関がほぼ 0 となり，1 つの励起パルスからは 1 個までの光子しか発光しないことを示している．

このような初期の実験はレーザーによる光励起を用いていたが，半導体中に埋め込まれた単一量子ドットを用いれば，LED のような電流注入による単一光子発生も期待される．実際，このような電流注入による単一光子発生もほどなくして実現された [28]．また，量子通信への応用において重要な意味をもつ通信波長帯での単一光子発生に関しては，InAs/InP 量子ドットを用いて 1.3 μm 帯における単一光子発生 [29] が報告されたのに続き，1.5 μm 帯における単一

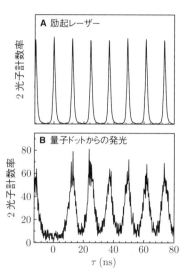

図 6.6 InAs/GaAs 単一量子ドットの発光の強度相関の実験例 [19]．周期的レーザーパルス（上）で励起された単一量子ドットからの発光（下）の強度相関．

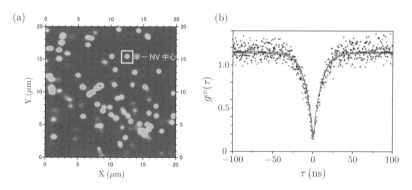

図 6.7 (a) ダイヤモンド中の NV 中心の発光の顕微鏡像，(b) 単一の NV 中心からの発光の強度相関の測定例 [34]．

光子発生 [30, 31] も報告されている．さらに，単一光子の波長帯や発生動作温度域の拡大も試みられている．その一例として，ダイヤモンド中の窒素不純物と空孔に捕縛された局在電子中心（NV 中心）が挙げられる．ダイヤモンドの NV 中心は，室温でも安定かつ高効率に動作する単一光子源として注目されている [17, 32, 33]．図 6.7 に，ダイヤモンド試料中の NV 中心からの発光の顕微鏡

像と,単一 NV 中心からの発光の強度相関の測定例を示す [34]. $\tau = 0$ 付近で明瞭なアンチバンチング特性を示していることがわかる. $g^{(2)}(0)$ が 0 に達していないのは,単一 NV 中心以外の光(他の NV 中心からの発光やダイヤモンド試料による背景光など)の混入が完全には排除できないためである. また,$\tau = 0$ の両側で $g^{(2)} > 1$ となっている領域があるのは,前述した CdSe 量子ドットでも見られたバンチングによるものであり,$\tau \to \infty$ では $g^{(2)} \to 1$ となる.

6.3　単一光子の干渉 —粒子性と波動性—

本書の冒頭第 1 章において,朝永振一郎の「光子の裁判」について述べた. そこでは,単一だったはずの光子が 2 つの経路を同時に通り,その結果として干渉を引き起こすという,光の粒子性と波動性に関する不可思議さについて述べられていた. 単一光子の干渉を量子論に基づいて扱うと,5.2 節,式 (5.41)–(5.49) において示したように,単一光子が 2 つの経路のどちらか一方を通る状態が重ね合わされて干渉する際には,古典光すなわち古典的波動と同じ干渉性を示す. 一方,6.1 節で述べたように,同じ状態に対して両方の経路に光子検出器を置いて光子の強度相関を観測すると,単一の光子は 2 つの検出器のどちらか一方でのみ観測され,両方で同時に観測されることはないこと,すなわち光子の粒子性を表す現象が観測される. このような状況はまさしく「光子の裁判」で扱われた状況であり,本章で述べた単一光子を用いて検証することができる.

図 6.8 に,単一光子の干渉を測定する実験系を示す. 図 5.1 との違いは,光源が単一光子源となっているだけである. 以下では,単一光子の干渉の様子を,マッハ・ツェンダー干渉計(図 6.8(b))を用いて調べよう. ここで,単一光子源は単一の周波数 ω の単一光子を放出するものとする. 式 (5.41) のときのように,単一光子が第 1 のビームスプリッタ (BS1) を通過した後の状態は,光子が光路 A を通った状態 $|A\rangle \equiv |1\rangle_A |0\rangle_B$ と光路 B を通った状態 $|B\rangle \equiv |0\rangle_A |1\rangle_B$ の重ね合わせ状態,

$$|\psi\rangle = \frac{1}{\sqrt{2}} (|A\rangle + |B\rangle) \tag{6.9}$$

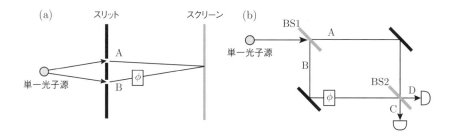

図 6.8 単一光子の干渉を測定する実験系．(a) ヤングの二重スリットの実験系，および (b) マッハ・ツェンダー干渉計．ϕ は経路 A, B 間の位相差を表す．

となる[2]．そして，光路 A と B の光路差により，$|B\rangle$ に位相差 $\phi(=\omega\tau)$ が付加された後，BS2 を通過した後の状態は，

$$|\psi'\rangle = \frac{1+e^{i\phi}}{2}|C\rangle + \frac{1-e^{i\phi}}{2}|D\rangle \tag{6.10}$$

に変化する．ここで，$|C\rangle = |1\rangle_C|0\rangle_D$，$|D\rangle = |0\rangle_C|1\rangle_D$ である．このとき，光路 C (D) に光子を見出す確率 P_C (P_D) は，

$$P_C = \langle\Psi'|C\rangle\langle C|\Psi'\rangle = \left|\frac{1+e^{i\phi}}{2}\right|^2 = \frac{1}{2}(1+\cos\phi) \tag{6.11}$$

$$P_D = \langle\Psi'|D\rangle\langle D|\Psi'\rangle = \left|\frac{1-e^{i\phi}}{2}\right|^2 = \frac{1}{2}(1-\cos\phi) \tag{6.12}$$

となって，周期的干渉縞が現れることとなる．一方，これまで述べてきたように，式 (6.9) の状態に対して光路 A, B の両方に光子検出器を置いて光子を検出すると，光子はどちらか片方の検出器で検出され，両方で同時に検出されることはない．すなわち，光子は単一であることが検証される．このように，「光子の裁判」で扱われた状況が実験で検証されることになる．

単一光子を用いた干渉実験

従来，「光子」を用いた干渉実験は，強度を微弱にしたレーザー光を用いて

---

[2] ここでは，途中の式を簡略にするため，ビームスプリッタの変換行列として式 (5.3) の脚注にある $U_{BS} = \frac{1}{\sqrt{2}}\begin{pmatrix} 1 & 1 \\ 1 & -1 \end{pmatrix}$ を用いた．式 (5.3) の U_+, U_- 等を用いても，最後の結果は干渉縞の位相を除いて同じになる．

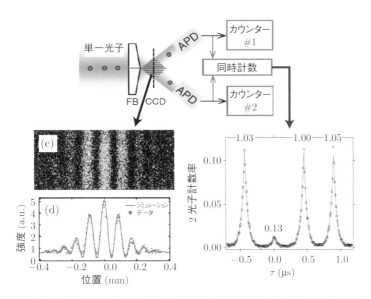

図 6.9　単一光子の 1 次の干渉実験の概略図 [35]．フレネルプリズム (FB) で屈折された 2 光路が交わる面に CCD カメラを置いて干渉波形を観測すると，明瞭な干渉波形が観測される（左下図）．一方，各々の光路に置いた光子検出器 (APD) からの信号の強度相関を観測すると，明瞭なアンチバンチングが観測される（右下図）．

行われる場合が主であった．しかし，レーザー光の状態はコヒーレント状態であって，その強度をどれだけ微弱にしたとしても光子の単一性（アンチバンチング）は示さないので，それらは単一の光子を用いた実験とは言い難い．それに対して，近年，単一の量子状態から生じた真の単一光子により干渉を測定した実験 [35, 36] が報告されている．図 6.9 に，そのような実験の一例 [35] を示す．この実験では，前述したダイヤモンドの NV 中心を周期的パルス列で励起した際に発生する単一光子を用いる．そして，図 5.1(a) の二重スリットの代わりに，フレネルプリズムと呼ばれる光学プリズムを用い，その 2 つの稜を通って屈折された光を干渉させる，2 つの光路が交わる地点に CCD カメラを設置して干渉波形を観測すると，二重スリットの場合と同様に，明瞭な干渉縞が観測される．一方，CCD カメラを取り除いて各々の光路の光子を光子検出器で検出してその強度相関を観測すると，図 6.1(b) で例示したような明瞭なアンチバンチングが観測される．このように，観測方法によって，波動性と粒子性という

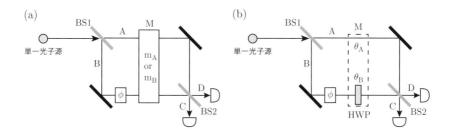

図 6.10 (a) 光子の経路の測定装置 (M) を加えた干渉計．光子が通った経路（光路 A または光路 B）に応じて，M の状態が $|m_A\rangle$ または $|m_B\rangle$ に変化する．(b) 経路の測定に偏光回転を用いた場合の例．例えば，光路 A を通った光子は水平偏光（$\theta_A = 0°$）とし，光路 B を通った光子の偏光を半波長板（HWP）によって θ_B に回転することによって経路を識別できる．

光子の異なった側面が観測されることになる．単一光子が示すこのような現象は，量子論の誕生以来予想されてきたことではあるが，実験的には，本章で述べたような実用的な単一光子源が開発されて初めて検証可能となったものである．

識別性と可干渉性

次に，「光子の裁判」の中でも扱われたもうひとつの状況について考えよう．「光子の裁判」の中では，光子がどちらの経路（光路）を通ったのかわかるように誰かが光子に「触れて（測定して）」から光子を再び解き放ち，その際の干渉がどうなるのかを問う場面がある．そこで，図 6.8(b) のマッハ・ツェンダー干渉計に対し，光子が経路 A を通ったか経路 B を通ったかを何らかの方法で測定・記録する測定装置を加えてみよう（図 6.10）．このとき，測定装置 M の状態を $|m\rangle$ で表し，光子が通った経路に応じて $|m_A\rangle$ または $|m_B\rangle$ に変化して，経路を測定するものとしよう．すると，式 (6.9) の状態に対して測定を行った状態は

$$|\Psi\rangle = \frac{1}{\sqrt{2}}\left(|A\rangle|m_A\rangle + |B\rangle|m_B\rangle\right) \tag{6.13}$$

と表すことができる．$|m_A\rangle$ と $|m_B\rangle$ が一次独立のとき，$|\Psi\rangle$ は光子の状態と測定装置の状態が相関をもった量子もつれ状態である[3]．この状態は，BS2 を通過後には

---
[3] 量子もつれ状態については，第 8 章で述べる．

$$|\Psi'\rangle = \frac{1}{2}|\mathrm{C}\rangle|m_\mathrm{A}\rangle + \frac{e^{i\phi}}{2}|\mathrm{C}\rangle|m_\mathrm{B}\rangle$$
$$+ \frac{1}{2}|\mathrm{D}\rangle|m_\mathrm{A}\rangle - \frac{e^{i\phi}}{2}|\mathrm{D}\rangle|m_\mathrm{B}\rangle \tag{6.14}$$

に変化する．式 (6.10) との違いは，光路 A, B が測定された結果，系の状態に $|m_\mathrm{A}\rangle$ および $|m_\mathrm{B}\rangle$ による識別性が付与されていることである．このとき，光路 C (D) に光子を見出す確率 P_C (P_D) は，

$$P_\mathrm{C} = \langle\Psi'|\mathrm{C}\rangle\langle\mathrm{C}|\Psi'\rangle = \frac{1}{2}\{1 + \mathrm{Re}(ve^{i\phi})\} \tag{6.15}$$

$$P_\mathrm{D} = \langle\Psi'|\mathrm{D}\rangle\langle\mathrm{D}|\Psi'\rangle = \frac{1}{2}\{1 - \mathrm{Re}(ve^{i\phi})\} \tag{6.16}$$

となることがわかる．ここで，$v = \langle m_\mathrm{A}|m_\mathrm{B}\rangle$ は測定による識別性の程度を表し，$0 \leq |v| \leq 1$ である．$|v| = 1$ となる場合には $|m_\mathrm{A}\rangle$ と $|m_\mathrm{B}\rangle$ とは位相因子が異なるだけで識別性がなく，経路の測定は行われない．その結果，干渉縞の明瞭度は最大となる．$v = 0$ となる場合には $|m_\mathrm{A}\rangle$ と $|m_\mathrm{B}\rangle$ とは直交するので経路が完全に識別され，それに伴って干渉縞は観測されなくなる．$0 < |v| < 1$ の場合には測定によって経路が部分的に識別され，干渉の明瞭度も上記の中間となる．$v = 0$ の場合を「**強測定**」（あるいは**射影測定**）と呼び，$|v| \lesssim 1$ の場合を「**弱測定**」と呼ぶ．このように，測定によって光子の経路が識別される場合，その識別性（あるいは測定の強度）に応じて対象系の可干渉性（コヒーレンス）が左右されることになる．

このことを別の観点から見てみよう．測定装置 M を含めた全系の状態 (6.13) は，光子の状態と測定装置の状態とがもつれた状態であることを述べた．このとき，光子のみの状態の密度行列 ρ は

$$\begin{aligned}\rho &= \mathrm{Tr}_{(\mathrm{M})}|\Psi\rangle\langle\Psi| \\ &= \frac{1}{2}\left(|\mathrm{A}\rangle\langle\mathrm{A}| + |\mathrm{B}\rangle\langle\mathrm{B}| + ve^{i\phi}|\mathrm{B}\rangle\langle\mathrm{A}| + v^*e^{-i\phi}|\mathrm{A}\rangle\langle\mathrm{B}|\right)\end{aligned} \tag{6.17}$$

となる．$|v| = 1$ となる場合には非対角要素の大きさは最大であり，このとき $\rho^2 = \rho$ となるので ρ は元の状態 (6.9) と同じく純粋状態であるが，それ以外の場合には非対角要素の大きさが低下するとともに ρ は混合状態となることがわ

かる．混合状態は，重ね合わせ状態を構成する各々の状態間の位相のコヒーレンスが低下した状態であるから，その可干渉性は低下するのである．

では，実際の実験において，光子の経路を測定・記録するためにはどうすればよいだろうか．通常用いられる光子検出器は，検出によって光子を消滅させてしまう「破壊測定」を行うので，経路の検出後も光子を残しておくことができず，上の目的には使えない．光子を消滅させずに光子の存在を測定する「**量子非破壊測定**」は，例えば光子と物質との非線形相互作用（Kerr 効果など）を用いて実現することが理論的には可能である [37,38]．ところが実際には，光子1個による非線形性は非常に小さく，上述した弱測定は実現できても，強測定までを実現することは困難である [39]．そこでしばしば用いられるのが，光子の偏光の自由度である．すなわち，光子の経路の違いを，同じ光子の偏光の違いとして記録する方法である．例えば，光子のはじめの偏光を一定の状態（例えば水平方向の直線偏光）とし，A, B のどちらか一方に偏光を回転させる素子を置けばよい（図 6.10(b)）．偏光を回転させる素子としては，例えば半波長板と呼ばれる，複屈折性を有する光学素子が用いられる．ここで，経路 A (B) を通る光子の偏光方向（ここでは直線偏光のみを考える）の角度を θ_A (θ_B) とし，その状態を $|m_A\rangle = |\theta_A\rangle$ ($|m_B\rangle = |\theta_B\rangle$) と書くと，

$$v = \langle \theta_A | \theta_B \rangle = \cos(\theta_A - \theta_B) \tag{6.18}$$

となり，$\theta_A - \theta_B = \pi/2$ のときに強い測定，$\theta_A - \theta_B \simeq 0$ のときに弱い測定が実現できることがわかる．このように，光子1個に関する2経路の情報は，簡単な光学素子を用いることで同じ光子の偏光状態として測定・記録することが可能であり，量子光学や量子情報の原理検証実験にしばしば用いられる．

遅延選択と量子消去

「光子の裁判」では，光子が示す「単一性（粒子性）」と「非局所性（波動性）」の二重性が争点であった．上述したような検証実験によって，光子は経路の測定がなされるときは前者の性質を示し，そうでないときは後者の性質を示すことが明らかにされた．このように，単一性と非局所性を同時に観測することは不可能であり，光子がどちらの性質を示すかは，実験の設定によって決定され

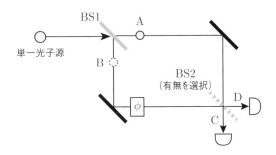

図 6.11 遅延選択実験の概念図．光子が BS1 を通過した後に，BS2 の有無を選択する．BS2 がない場合，光子が経路（A, B）のどちらを通ったかを測定し，BS2 がある場合，両方の経路を通った際の干渉を測定する．

るように見える．これは，ボーア（N. Bohr）が「相補性」と呼んだ性質である．

光子の示す相補性に関しては，「遅延選択」と呼ばれる興味深い実験が提案 [40]，実行 [41] されている．これは，光子が最初のビームスプリッタ (BS1) を通過するまでは経路の測定をするかしないかは決めないでおき，光子が BS1 を通過した後にそれを決めて実行するという実験である．もし，光子が窓の通過前に何らかの方法で実験装置の状態を検知し，自身が単一性を示すか非局所性を示すか（すなわち BS1 の通過方法）を決定するものとすれば，あらかじめ経路測定の有無を決めておいた場合と BS1 の通過後に経路測定の有無を選択した場合とでは干渉縞の測定結果に違いが生じるはずである．この実験は，図 6.11 のように，光子が BS1 を通過した後に，BS2 の有無を選択できるような実験装置を用いればよい [40]．これと同等の機能を実現する実験 [41] の結果は，経路の測定の有無をあらかじめ決めていた場合と，光子が窓を通過後に決めた場合とで変化はなく，どちらの場合も経路測定を行った場合は干渉縞が生じず，経路測定を行わなかった場合は干渉縞が生じることがわかった．すなわち，光子は実験装置の状態に応じてあらかじめ自身の身の振り方を変化させているわけではなく，測定によって光子（および測定装置）の状態が変化するのだ，ということがわかったことになる．

もうひとつの興味深い実験は，経路の測定によっていったんは干渉しなくなった状態を，測定の情報を消去することによって再び干渉するように戻す実験で，

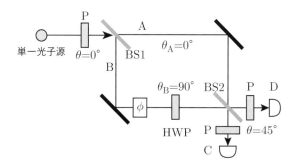

図 6.12 量子消去実験の例.経路 A を通った光子は水平偏光,経路 B を通った光子は垂直偏光となるように半波長板 (HWP) で回転させ,経路を識別可能にする.BS2 を通過後,そのままでは干渉が観測されないが,45°方向の偏光フィルター (P) を通して干渉を測定することにより,経路の識別性が消去され,干渉が観測される.

「量子消去」とも呼ばれる [42, 43]. 再び式 (6.14) の状態を考えよう.この場合,$v = \langle m_A | m_B \rangle = 0$ のときは干渉縞が消失することは前述した.式 (6.14) は光子の状態と測定装置の状態がもつれた状態であり,元の光子の位相の情報は,光子と測定装置の双方にまたがった状態で残されている.そこで,式 (6.14) に対し,測定結果が $|m_A\rangle$ と $|m_B\rangle$ の重ね合わせ $|m_\pm\rangle = (|m_A\rangle \pm |m_B\rangle)/\sqrt{2}$ となるような状態に射影測定を行い,そのときの干渉を測定することを考えよう.この操作は,例えば光子の偏光による測定・記録の場合は,いったん直交する偏光となった状態を ±45°方向の偏光フィルターを通して測定することに対応する(図 6.12).すると光子の状態は

$$|\psi'_\pm\rangle = \langle m_\pm | \Psi' \rangle$$
$$= \frac{1 \pm e^{i\phi}}{2\sqrt{2}}|C\rangle + \frac{1 \mp e^{i\phi}}{2\sqrt{2}}|D\rangle \quad (6.19)$$

となって,$1/\sqrt{2}$ の係数を除いて式 (6.10) と同様な状態となり,干渉が復活する.ここで重要なのは,光子と測定装置を含めた全体の系 (6.13) および系 (6.14) が量子もつれ状態としてもとの位相情報を保っている,ということである.これに対し,測定によってもとの位相情報が完全に消失してしまった場合には,測定した情報を消去したとしても光子の情報をもとに戻すことはできないことに注

意してほしい．このような量子消去の実験を通じて，光子の示す相補性は，測定に伴う被測定系（光子）と観測装置との間の量子もつれの生成に由来するものとして理解することができる[4]．

さらに最近では，前述した弱測定を用いた，単一光子の相補性に関する興味深い実験も行われている．弱測定を用いると，光子の状態にほとんど影響を与えずにその位置や運動量についての情報を得ることができるため，例えば，干渉性を犠牲にせず，光子の経路の情報を得ることができる[5]．また，終状態（例えば二重スリットの実験において，光子がスクリーン上で到達した位置）を指定して，それに至る途中の物理量の情報を得ることもでき，その値を「**弱値**」と呼ぶ [45]．弱測定のこのような性質を利用すると，「光子の裁判」における「キリバコ」の実験のように，光子の通った経路を軌跡として再現することも可能であり，実際にそのような実験が報告されている [46,47]．ただしこれらは，単一の光子に対する経路や運動量の決定論的な観測ではなく，多数回の測定の平均値として観測されるものであることに注意してほしい．

このように最近では，単一光子源と新しい測定法を用いて，光子の示す二重性や相補性に関する新しい知見が得られるようになってきている．単一光子が示すこれらの不可思議な性質は，光の粒子性と波動性に関する論争以来，我々を悩ましそして魅了する，古くて新しい問題なのである．

---

[4] ただし，ここで例示したような偏光を測定系として用いる実験は，単一光子の場合だけでなく，レーザー光などの古典的コヒーレント光を用いても同じ結果を得るので，その結果の量子性を問う場合には注意が必要である．次章で述べる光子対発生と2光子干渉を用いた，別な形での量子消去の実験 [44] も行われている．

[5] ただし，一度の測定で得られる情報の精度は低いため，単一の光子についての結果を得ることはできず，同じ測定を多数回繰り返すことによって統計的な情報を得ることになる．

第7章 光子対の発生

前節では単一の量子系からの単一光子の発生について述べたが，以下では，時間的・空間的に相関をもってほぼ同時に発生する2個の光子，すなわち光子対の発生方法について議論する．このような光子対は，次章で述べる量子もつれを発生・保持・輸送する媒体としてたいへん優れているほか，片方の光子を伝令として実効的な単一光子（伝令付き単一光子）としても用いることができ，量子光学，量子情報通信における種々の実験に用いられている．

7.1　カスケード光放出

図 7.1 に示すように，状態 $|a\rangle, |b\rangle, |c\rangle$ の 3 準位系を考える．このような 3 準位系は，原子や分子，または固体中の励起子のような離散的なエネルギー準位をもつ物理系を用いて実現できる．この系において，$|c\rangle \to |b\rangle$ の遷移により第 1 の光子（振動数 ω_1）が，$|b\rangle \to |a\rangle$ の遷移により第 2 の光子（振動数 ω_2）が発

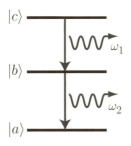

図 **7.1**　3 準位系からのカスケード光放出による光子対の発生．

生する場合を考える．このとき，系が $|b\rangle \to |c\rangle$ に再励起される確率は十分小さく，$|b\rangle \to |a\rangle$ へは光子 2 を放出する以外の経路はないとすると，光子 1 が発生した後に必ず光子 2 が発生する．すなわち，光子 1 と光子 2 の対が発生することになる．

7.2　パラメトリック下方変換

光子対状態は，図 7.2 に示す**自発パラメトリック下方変換**（spontaneous parametric down-conversion: SPDC）を用いて発生することもできる．SPDC は，2 次の非線形光学効果であるパラメトリック光学過程の一種であり，1 個の光子（ポンプ光子）から時間的に強く相関した 1 対の光子を発生することができる．

パラメトリック光学過程とは，2 次の非線形分極によって，光周波数の混合または分割が起きる現象である．いま，光によって誘起される物質の分極 P を

$$P = \epsilon_0 \left(\chi^{(1)} E + \chi^{(2)} E^2 + \chi^{(3)} E^3 + \cdots \right) \tag{7.1}$$

と書く[1]．光と分極の相互作用 $\mathcal{H}_I$ は，双極子近似の下で

$$\mathcal{H}_I = -P \cdot E \tag{7.2}$$

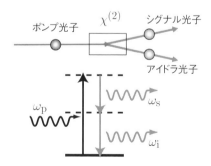

図 7.2　自発パラメトリック下方変換による相関光子対の発生．

---

[1] 一般に感受率はテンソルで表されるが，ここでは簡単のためスカラー量として扱う．

と書ける．したがって 2 次の非線形分極

$$P^{(2)} = \epsilon_0 \chi^{(2)} E^2 \tag{7.3}$$

と光との相互作用は，

$$\mathcal{H}_I = -P^{(2)} \cdot E = -\epsilon_0 \chi^{(2)} E^3 \tag{7.4}$$

と書くことができる．いま，量子化した電場 (4.14) において，$\omega_\mathrm{p}, \omega_1, \omega_2$ の 3 種の振動数のモードを考え，ここで，ω_p（ポンプ光）の強度は他より十分強いものとする．いま，式 (7.4) の相互作用の下で ω_p に関する演算子を含み，時間平均後にも消えない項（生成・消滅される光子のエネルギーが保存される項）を拾い出すと，

$$\hbar g \left(\hat{a}_i^\dagger \hat{a}_\mathrm{p} \hat{a}_\mathrm{p} + h.c. \right) \qquad (\omega_i = 2\omega_\mathrm{p}, i = 1 \text{ or } 2) \tag{7.5}$$

$$\hbar g \left(\hat{a}_1^\dagger \hat{a}_2^\dagger \hat{a}_\mathrm{p} + h.c. \right) \qquad (\omega_1 + \omega_2 = \omega_\mathrm{p}) \tag{7.6}$$

を得る．ここで，g は $\chi^{(2)}$ に比例する定数である．式 (7.5) の第 1 項は，ω_p のポンプ光を 2 光子消滅させて $2\omega_\mathrm{p}$ の光を 1 光子生成する過程で，**第 2 高調波発生** (second harmonic generation: SHG) に対応する．式 (7.6) の第 1 項は，ω_p のポンプ光を 1 光子消滅させて ω_1 の光と ω_2 の光を各々 1 光子生成する過程で，**パラメトリック下方変換** (parametric down-conversion: PDC) と呼ばれる．特に，$\omega_1=\omega_2$ のときを縮退パラメトリック下方変換と呼ぶ．パラメトリック下方変換において，入射光（種光）として ω_1 または ω_2 の光が存在する場合には，その光は誘導放出によって増幅されることになり，これを**パラメトリック増幅** (parametric amplification) と呼ぶ．ω_1 および ω_2 の入射状態が真空状態の場合には，パラメトリック下方変換は自発放出によるものとなり，これが上述した自発パラメトリック下方変換（SPDC）である[2]．SPDC によって発生した光の一方をシグナル光，他方をアイドラ光と呼ぶ[3]．

---

[2] パラメトリック蛍光 (spontaneous parametric emission) ともいう．
[3] パラメトリック増幅の場合は，入射光のある方をシグナル光，他方をアイドラ光と呼ぶが，SPDC の場合にはどちらをシグナル光と呼ぶかは決まっていない．慣例として，振動数の大きい（波長の短い）方をシグナル光と呼ぶ場合が多い．

SPDC は 2 次の非線形分極 $\chi^{(2)}$ によって生じる波長変換過程であるから，効率的に SPDC を生じさせるためには，大きな $\chi^{(2)}$ をもつ物質が必要である．そのための代表的な物質群として，強誘電性の非線形光学結晶がよく用いられる．また，その際には，SPDC による波長変換過程が結晶全体にわたってコヒーレントに重なり合うことが必要である．この条件を**位相整合条件**といい，結晶長が無限に長い場合には次の式で表される．

$$\omega_1 + \omega_2 = \omega_p \tag{7.7}$$

$$\bm{k}_1 + \bm{k}_2 = \bm{k}_p \tag{7.8}$$

ここで，$\bm{k}_i$ ($i = 1, 2, p$) はシグナル光，アイドラ光，ポンプ光の波数ベクトルである．式 (7.7) は，式 (7.6) にも現れたように振動数（あるいは光子エネルギー）の保存則を表し，式 (7.8) は，波数ベクトル（あるいは光子の運動量）の保存則を表す．条件 (7.7) によって，発生するシグナル光とアイドラ光の振動数の間に相関が生じる．また，条件 (7.8) によって，それらの波数ベクトルすなわち発生方向の間に相関が生じる．さらに，2 つの条件を並立することで，シグナル光およびアイドラ光の振動数がそれらの発生方向に応じて決まる．実際上は，結晶の長さが有限でポンプ光の振動数と波数ベクトルも有限の幅をもつため，位相整合条件が緩和され，シグナル光およびアイドラ光は有限の振動数幅（スペクトル幅）をもつことになる [4]．また，実際の実験において位相整合条件を満足させるためには，通常，非線形光学結晶の複屈折性を利用する．このとき，シグナル光とアイドラ光の偏光が平行である場合と，互いに垂直である場合の 2 種類の位相整合が考えられる．前者を type-I 位相整合，後者を type-II 位相整合と呼ぶ．

いま，ポンプ光を振幅 α（実数）のコヒーレント光とし，シグナルおよびアイドラのモードには真空状態を入力すると，SPDC により発生する光子状態は，

$$|\Psi\rangle = c_0|0\rangle_1|0\rangle_2 + c_1|1\rangle_1|1\rangle_2 + c_2|2\rangle_1|2\rangle_2 + \cdots \tag{7.9}$$

$$c_n = \frac{(\tanh\theta)^n}{\cosh\theta} \tag{7.10}$$

---

[4] 後述するように，シグナル光とアイドラ光のスペクトル幅は，それらの間の時間相関幅を決める要因である．

と書くことができる [48]．ここで，$|n\rangle_i$ はシグナル ($i=1$) およびアイドラ ($i=2$) モードの光子数状態を表し，θ は $g\alpha$ に比例する定数である．また，$\tanh^2\theta = \zeta$ とおくことにより，

$$|c_n|^2 = \frac{(\tanh\theta)^{2n}}{\cosh^2\theta} = (1-\zeta)\zeta^n \tag{7.11}$$

となって，光子数状態の確率分布 $|c_n|^2$ は熱放射における光子数分布 (4.58) と等しいことがわかる．すなわち，SPDC により発生する光子対の数の分布は，熱放射の光子数分布と等しい．ここで，シグナル（またはアイドラ）の平均光子数は $\langle n \rangle = \zeta/(1-\zeta)$ である．また，シグナル（またはアイドラ）の一方のモードの光子状態の密度行列 ρ_1, ρ_2 は，全系の密度行列 $\rho = |\Psi\rangle\langle\Psi|$ を他方のモードについて部分対角和をとることによって求められる．すなわち

$$\rho_1 = \text{Tr}_{(2)}|\Psi\rangle\langle\Psi| = \sum_n |c_n|^2 |n\rangle\langle n|_1, \tag{7.12}$$

$$\rho_2 = \text{Tr}_{(1)}|\Psi\rangle\langle\Psi| = \sum_n |c_n|^2 |n\rangle\langle n|_2 \tag{7.13}$$

である．SPDC の出力状態 (7.9) は光子対についての重ね合わせ状態であるが，シグナルまたはアイドラ各々の光子状態は，コヒーレンスが失われた熱放射状態 (4.59) となるのである．

いま，ポンプ光の強度が十分に弱い場合，すなわち式 (7.11) において $\theta \ll 1$，したがって $\zeta \ll 1$ の場合を考える．このとき，$|c_0|^2 \gg |c_1|^2 \gg |c_2|^2 \cdots$ となるので，シグナルおよびアイドラに各々 2 個以上の光子を含む状態を無視でき，

$$|\Psi\rangle = c_0|0\rangle_1|0\rangle_2 + c_1|1\rangle_1|1\rangle_2 \tag{7.14}$$

と表すことができる．このうち，$|1\rangle_1|1\rangle_2$ が光子対状態である．真空状態 $|0\rangle_1|0\rangle_2$ は，光子検出をした際には測定されないので，光子が検出されたときのみを結果と捉える場合には無視してよい．SPDC では，シグナルおよびアイドラ光子は位相整合条件で決まる比較的広いスペクトル幅をもつ．その相関時間（2 光子が検出される際の時間差の分布）は，シグナルおよびアイドラのスペクトル幅のたたみ込みの逆数程度の幅をもち，典型的な条件においては 100 fs 程度で

ある．この時間相関幅は，以下で述べる Hong, Ou, Mandel によって行われた 2 光子干渉の実験 [49] によって測定することができる．

7.3　Hong-Ou-Mandel の 2 光子強度干渉

図 7.3 のように 50%：50% ビームスプリッタ (BS) の 2 つの入射ポート 1, 2 に，同じ周波数 ω および s 偏光の単一光子状態 $|1\rangle_1, |1\rangle_2$ を同時に入射する．このときの入射光の状態は

$$|\Psi\rangle = |1\rangle_1 |1\rangle_2 = \hat{a}_1^\dagger \hat{a}_2^\dagger |00\rangle \tag{7.15}$$

と書ける．ここで，$|00\rangle = |0\rangle_1 |0\rangle_2$ は真空状態を表す．BS による演算子の変換式 (5.6) を用いて，式 (7.15) を BS の出力側の状態に変換すると，

$$|\Psi'\rangle = \frac{1}{2} \left(\hat{a}_{1'}^\dagger + i\hat{a}_{2'}^\dagger \right) \left(i\hat{a}_{1'}^\dagger + \hat{a}_{2'}^\dagger \right) |00\rangle \tag{7.16a}$$

$$= \frac{1}{2} \left\{ i(\hat{a}_{1'}^\dagger)^2 + i(\hat{a}_{2'}^\dagger)^2 + \hat{a}_{1'}^\dagger \hat{a}_{2'}^\dagger - \hat{a}_{1'}^\dagger \hat{a}_{2'}^\dagger \right\} |00\rangle \tag{7.16b}$$

$$= \frac{i}{\sqrt{2}} \left(|2\rangle_{1'} |0\rangle_{2'} + |0\rangle_{1'} |2\rangle_{2'} \right) \tag{7.16c}$$

となる．ここで，式 (7.16b) の第 1 項と第 2 項は入射した光子の一方が BS を透過し他方が反射する場合を表し，第 3 項および第 4 項は各々，入射した光子が両方透過する場合と両方反射する場合を表す．第 3 項と第 4 項は符号が逆であるので互いに打ち消し合い，結局式 (7.16c) の状態に帰着する．すなわち，入射した 2 光子は 2 つの出力ポートに分かれて出射することはなく，必ずどちら

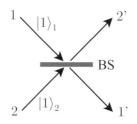

図 **7.3**　2 光子強度干渉の概念図．

かの出力ポートに一緒に出射するのである．各出力ポートへ2光子が出射する確率は各々 1/2 である．どちらか片方の出力ポートへの光子数が必ず 0 となることから，出力ポート 1' および 2' の両方で同時に光子を検出する計数率は，

$$\langle \Psi' | \hat{a}_{1'}^\dagger \hat{a}_{2'}^\dagger \hat{a}_{2'} \hat{a}_{1'} | \Psi' \rangle = 0 \tag{7.17}$$

となる．この現象は，式 (7.16b) における第 3 項と第 4 項の打ち消し合い，すなわち互いに見分けがつかない 2 光子間の量子干渉に基づく現象であり，それを初めて実験 [49] で示した Hong, Ou および Mandel にちなんで **Hong-Ou-Mandel の 2 光子強度干渉**あるいは単に **Hong-Ou-Mandel 干渉**と呼ばれる．

図 7.4 に，Hong-Ou-Mandel 干渉の実験例 [50] を示す．自発パラメトリック下方変換 (SPDC) により発生した光子対を，ビームスプリッタ (BS) の両側の入力ポートに入射する．その際の，SPDC から BS へ至る光路 1 と 2 との間の光路差を ΔL_1 とする．BS の出力ポート 1' および 2' に配置した光子検出器で光子を検出し，それらの間の同時計数率を光路差 ΔL_1 の関数として測定すると，$\Delta L_1 = 0$ の付近で同時計数率がほぼ 0，すなわち式 (7.17) で示した結果となっていることがわかる．また，$\Delta L_1 = 0$ 付近における同時計数率の凹みの幅（半値全幅）は，光路差にして約 $40\,\mu\mathrm{m}$，時間差にして約 $130\,\mathrm{fs}$ である．前述したように，この幅は SPDC で生成された光子対の時間相関幅を表している [49,51]．

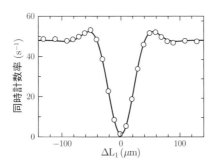

図 **7.4** Hong-Ou-Mandel の 2 光子強度干渉の実験例 [50]．

7.4 光子対による量子干渉 —光子のド・ブロイ波長の測定—

上述した HOM 干渉系（図 7.3）の後にさらにビームスプリッタを付加すると，図 7.5 のようなマッハ・ツェンダー型の干渉計が構成される．ここで BS1，BS2 とも 50% : 50% ビームスプリッタである．この干渉計の入射ポート 1, 2 に，同じ周波数 ω の単一光子状態 $|1\rangle_1, |1\rangle_2$ を同時に入射する．すると，BS1 での Hong-Ou-Mandel 干渉の結果，マッハ・ツェンダー干渉計の 2 つの腕のどちらかを 2 光子がともに通る状態 (7.16c)，あるいは全体の位相因子を省略した

$$|\Psi'\rangle = \frac{1}{\sqrt{2}}\left(|2\rangle_{1'}|0\rangle_{2'} + |0\rangle_{1'}|2\rangle_{2'}\right) \tag{7.18}$$

が生成される．ΔL_2 を干渉計の両腕の間の光路差，それに伴う位相差を $\phi = 2\pi\Delta L_2/\lambda$ とすると，式 (7.16c) を求めたときと同様にして，BS2 を通過した後の状態として，

$$|\Psi''\rangle = \frac{1-e^{2i\phi}}{2\sqrt{2}}\left(|2\rangle_{1'}|0\rangle_{2'} - |0\rangle_{1'}|2\rangle_{2'}\right) + \frac{i(1+e^{2i\phi})}{2}|1\rangle_{1'}|1\rangle_{2'} \tag{7.19}$$

を得る．式 (7.19) から，出力ポート 1" で n_1 光子，出力ポート 2" で n_2 光子を検出する確率 $R(n_1, n_2)$ は

$$R(2,0) = R(0,2) = \frac{1}{4}(1 - \cos 2\phi), \tag{7.20}$$

$$R(1,1) = \frac{1}{2}(1 + \cos 2\phi) \tag{7.21}$$

となることがわかる．したがって，この干渉計の出射ポートでの 2 光子検出に

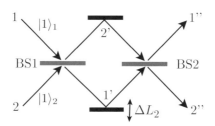

図 **7.5** 光子対とマッハ・ツェンダー干渉計による 2 光子量子干渉の実験系．

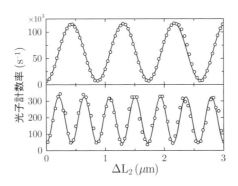

図 7.6 2 光子量子干渉の実験例 [50]. 上段は, BS1 の入力 1 へ 1 光子, 入力 2 へ真空状態を入力し, BS2 の出力ポート 2" で 1 光子検出をした際の 1 光子干渉. 下段は, BS1 の入力 1 および入力 2 へ各々 1 光子を入力し, BS2 の出力ポート 2" で 2 光子検出をした際の 2 光子干渉. 2 光子干渉の干渉縞の間隔は 1 光子干渉のそれに比べて 1/2 になる.

よる干渉縞は, あたかも両腕の間の位相差が 2ϕ であるかのような干渉を示す. 換言すれば, この干渉計の中に生じる 2 光子状態 (7.18) は, 古典的波長 λ の半分の波長 $\lambda/2$ をもって干渉する. このことは, 2 光子状態の「ド・ブロイ (de Broglie) 波長」[5] が古典的波長の 1/2 になったものと解釈することもできる.

図 7.6 に, このような 2 光子量子干渉の測定例を示す [50]. 1 光子干渉 (図 7.6 上段) の干渉縞の間隔は, 用いた光 (SPDC) の古典的波長 (860 nm) と同じであるが, 2 光子干渉 (図 7.6 下段) の干渉縞の間隔はそれらの 1/2 (430 nm) となっており, 式 (7.20) に示す干渉が観測されることがわかる.

さらに進めて, n 個の光子をひとまとめにして干渉・検出すれば, その干渉は λ/n の「ド・ブロイ波長」を示すことが期待される [52]. 式 (7.18) の形の 2 光子状態を n 光子に拡張した状態

$$|\Psi'\rangle = \frac{1}{\sqrt{2}} \left(|n\rangle_1 |0\rangle_2 + |0\rangle_1 |n\rangle_2 \right) \tag{7.22}$$

は光子数に関する一種の量子もつれ状態であるが, その形から **NOON 状態**とも呼ばれる. 上述したように, 2 光子の NOON 状態は Hong-Ou-Mandel 干渉を

---

[5] 質量をもつ系での通常のドブロイ波長と区別するため,「フォトニック・ド・ブロイ波長」と呼ぶ場合もある.

用いて決定論的に（確率 1 で）生成することができたが，3 光子以上の NOON 状態を決定論的に生成する方法は知られていない．それでも，光子が干渉計から出射された後に測定する状態を上手く選択することにより，確率的にではあるが，3 光子 [53]，4 光子 [54–57]，5 光子 [58, 59]，あるいは 6 光子 [60] 状態の量子干渉を測定した例が報告されている．また，このような量子干渉性，特に短縮された波長を利用することによって，光の回折によって制限されている顕微鏡やリソグラフィの解像度を，古典的回折限界を超えて向上させうる技術の提案 [61] もなされており，今後の応用が期待されている．

7.5 光子対と単一光子（伝令付き光子）

6.2 節では電子系のフェルミオン性を利用して直接単一光子を発生する方法について述べたが，実用上「単一」と見なせる光子状態は，光子対を利用して得ることもできる．式 (7.14) で表される状態において，アイドラ光子が検出されたことを条件としたとき，すなわちアイドラ光子を伝令としたときのシグナル光子の状態は，$|0\rangle_1$ が除外され，単一光子状態 $|1\rangle_1$ となる．これを**伝令付き光子** (heralded photon) という．厳密には式 (7.9) のように 2 光子以上の状態も含まれるので完全な単一光子状態ではない．すなわち伝令付き光子では，単一量子状態から発生する単一光子の場合のように強度相関 $g^{(2)}(0)$ の値が原理的に 0 になるわけではない．実際，式 (7.9) における $n = 0$ の項を除外した状態について，シグナル光子に対する $g^{(2)}(0)$ を求めると，

$$g^{(2)}(0) = \frac{\langle \hat{n}^2 \rangle - \langle \hat{n} \rangle}{\langle \hat{n} \rangle^2} = 2\zeta \tag{7.23}$$

となることがわかる．ここでは，$\langle ... \rangle$ は $n > 0$ についての期待値を表す．したがって，励起強度が弱い（$\zeta \ll 1$）のときには，$g^{(2)}(0) \sim 0$ となって単一光子の場合と同じようなアンチバンチングを示すのである[6]．これが，伝令付き光子がしばしば単一光子と見なされる所以である．なお，伝令光子の検出を条件としない場合には，シグナル光子の状態 (7.12) は熱放射状態であるから，励起強

---

[6] 励起強度が強い（$\zeta \sim 1$）のときには，$g^{(2)}(0) \sim 2$ となって，バンチングを示す．

度にかかわらず $g^{(2)}(0) = 2$ となるバンチングを示すことになる[7]．このような伝令付き光子の強度相関は，SPDC によって発生した光子対を用いて実際に測定されている [62]．伝令付き光子は SPDC を用いて比較的簡便に発生させることができるため，量子暗号などの量子情報通信プロトコルにおいて，安全性や効率を高めるためにしばしば利用される．

---

[7] SPDC で発生する光子は比較的広い周波数幅をもつので，式 (5.79) の脚注に書いたように，そのバンチングの時間幅は比較的狭い．

第8章 量子もつれ光子

本章では，近年脚光を浴びている量子情報通信技術の基礎をなすリソースのひとつである，**量子もつれ** (entanglement) あるいは**エンタングルメント**の性質とその発生，検出方法について述べる．特に，光子の対に量子もつれを保持させた「量子もつれ光子対」は，光のもつ性質として外乱による影響（デコヒーレンス）を受けにくいことから，空間的に離れた場所へ量子もつれ状態を運ぶ媒体として最適である．量子もつれは，量子テレポーテーションや量子中継などの量子情報通信プロトコルに必須であるほか，量子もつれを利用した超高精度計測を実現する技術も提案されるなど，さまざまな応用が考えられている．さらに，観測問題や非局所性など，量子力学の根本的問題を問いかける基礎的研究にも量子もつれ光子対が活躍する．

8.1 量子もつれの基礎

量子もつれとは，複数の粒子または状態間が量子力学的な相関をもつ場合に用いられる概念である．量子もつれ状態が現れる系としては，光子の偏光や電子のスピンのような 2 準位系すなわち量子ビットや，離散的多準位系，さらにはアインシュタインらが提唱した EPR のパラドックス [63] に現れるような，位置および運動量，あるいは直交位相振幅のような連続量の系まで，さまざまなタイプが考えられる．また，量子もつれを共有する系の数も 2 に限らず，より大きな系における量子もつれ状態も存在するが，ここでは最も簡単な 2 量子ビット系（2 個の 2 準位系）における量子もつれに限って話を進める．後に述べるように，例えば相関光子対を構成する光子の偏光を用いてこのような量子

もつれを生成・保持させることができる．

いま，ある離散的 2 準位系における基底ベクトルを $|0\rangle$ および $|1\rangle$ とする[1]．量子ビットの状態ベクトルはそれらの重ね合わせ

$$|\psi\rangle = \alpha|0\rangle + \beta|1\rangle \tag{8.1}$$

で表すことができる．α および β は複素数で，$|\alpha|^2 + |\beta|^2 = 1$ を満たす．重ね合わせ状態の例として，

$$|+\rangle = \frac{1}{\sqrt{2}}(|0\rangle + |1\rangle), \tag{8.2}$$

$$|-\rangle = \frac{1}{\sqrt{2}}(|0\rangle - |1\rangle) \tag{8.3}$$

を挙げておく[2]．

次に，2 つの量子ビットの状態を考えよう．一方（量子ビット 1）の状態を $|a\rangle_1$ $(a=0,1)$，他方（量子ビット 2）の状態を $|b\rangle_2$ $(b=0,1)$ と書くとき，2 つの量子ビットの状態はそれらの直積

$$|a\rangle_1 \otimes |b\rangle_2 \equiv |ab\rangle \tag{8.4}$$

における互いに直交する 4 状態 $|00\rangle, |01\rangle, |10\rangle, |11\rangle$ を基底として表すことができる．それらの一般的重ね合わせ状態は

$$|\Psi\rangle = \alpha|00\rangle + \beta|01\rangle + \gamma|10\rangle + \delta|11\rangle \tag{8.5}$$

である．このうち，例えば片方の量子ビットが 0 のとき他方も 0，片方が 1 のとき他方も 1 となるような相関をもち，各々の現れる確率が 1/2 である重ね合わせ状態は

$$|\Phi^+\rangle = \frac{1}{\sqrt{2}}(|00\rangle + |11\rangle) \tag{8.6}$$

と書くことができる．ここで，式 (8.2) および式 (8.3) を用いて，式 (8.6) を $|+\rangle$

---

[1] 光子の偏光の場合，例えば 2 つの直交する直線偏光状態 $|H\rangle, |V\rangle$ を基底にとる．
[2] 光子の偏光の場合，これらは，±45° の直線偏光状態にあたる．

および $|-\rangle$ の基底で表すと

$$|\Phi^+\rangle = \frac{1}{\sqrt{2}}(|++\rangle + |--\rangle) \tag{8.7}$$

を得る．すなわち，式 (8.6) の状態に対して各々の量子ビットを $|+\rangle$ および $|-\rangle$ の基底で観測した際にも完全な相関が観測される．式 (8.6) のように，複数の系の状態間に量子的相関を有する状態を，**量子もつれ状態** (entangled state) という．量子もつれ状態では，量子ビットの特定の基底での観測値だけでなく，重ね合わせ状態を基底とした観測値に関しても相関を有することが特徴である．

式 (8.6) に代表されるように，2 量子ビット系において，完全な量子もつれを有し，互いに直交する 4 つの状態

$$|\Phi^\pm\rangle = \frac{1}{\sqrt{2}}(|00\rangle \pm |11\rangle) \tag{8.8}$$

$$|\Psi^\pm\rangle = \frac{1}{\sqrt{2}}(|01\rangle \pm |10\rangle) \tag{8.9}$$

を**ベル状態** (Bell states) または**ベル基底** (Bell bases)[3] と呼ぶ．ベル状態で表されるような状態は，最も高い程度の量子もつれをもつ状態で，**最大量子もつれ状態** (maximally entangled state) と呼ばれる．

これに対し，量子ビットをあらかじめ $|00\rangle$ または $|11\rangle$ の状態に準備し，それらを 1/2 の確率でランダムに送り出した場合はどうだろうか？これは，コインの表裏の場合のような，古典的相関状態にあたる．このときの全系の状態は，$|00\rangle$ と $|11\rangle$ の混合状態となり，式 (8.6) のような重ね合わせ状態で表すことはできない．この場合，各々の量子ビットを $|0\rangle$ と $|1\rangle$ の基底で観測した場合には両者の間に完全な相関があるが，$|+\rangle$ と $|-\rangle$ の基底で観測すると，結果が $+$ になるか $-$ になるかは各々の量子ビットでまったく独立な確率過程となり，それらの観測値の間に相関はなくなってしまう．これは，上述した量子もつれ状態とは大きく異なる点である．

このような状態をも含めた一般的な量子状態を表すために，4.4 節で導入した密度行列を用いる．例えば，系が状態ベクトル (8.6) で表される純粋状態にあ

---

[3] 2 量子ビット系の任意の状態ベクトルは，$|00\rangle, |01\rangle, |10\rangle, |11\rangle$ の代わりにベル基底の線形結合で書くこともできる．

れば，その密度行列 ρ は

$$\rho = |\Phi^+\rangle\langle\Phi^+| = \frac{1}{2}\left(|00\rangle\langle00| + |00\rangle\langle11| + |11\rangle\langle00| + |11\rangle\langle11|\right)$$

$$= \frac{1}{2}\begin{pmatrix} 1 & 0 & 0 & 1 \\ 0 & 0 & 0 & 0 \\ 0 & 0 & 0 & 0 \\ 1 & 0 & 0 & 1 \end{pmatrix} \tag{8.10}$$

と表される．密度行列の対角要素は，系が各々の基底ベクトルの状態に見出される確率を表し，非対角要素の大きさは，それらの間のコヒーレンスを表している．式 (8.10) においては，対角要素と非対角要素の絶対値が等しく，系が最大のコヒーレンスを保っていることを示している．これに対し，上で例示したような $|00\rangle$ と $|11\rangle$ の $1:1$ の混合状態の密度行列は

$$\rho = \frac{1}{2}\left(|00\rangle\langle00| + |11\rangle\langle11|\right) = \frac{1}{2}\begin{pmatrix} 1 & 0 & 0 & 0 \\ 0 & 0 & 0 & 0 \\ 0 & 0 & 0 & 0 \\ 0 & 0 & 0 & 1 \end{pmatrix} \tag{8.11}$$

となって，非対角要素が0となってしまう．すなわち，混合状態では系のコヒーレンスが失われている．このとき，系を $|++\rangle$ に見出す確率 $P(++)$ は

$$P(++) = \langle++|\rho|++\rangle = \frac{1}{4} \tag{8.12}$$

と求められる．同様にして，$P(++) = P(--) = P(+-) = P(-+) = 1/4$ となることがわかる．混合状態では系のコヒーレンスが失われた結果，量子ビットを $|+\rangle$ および $|-\rangle$ の基底で観測した際には相関が観測されないのである．

次に，量子もつれ状態にある2量子ビットのうちの，片方の量子ビットの状態について考えよう．一般に，ある部分系（系1）の密度行列 ρ_1 は，全体系の密度行列に対して，系1以外（系2）の部分について部分トレースを行うことで求められる．例えば，全体系がベル状態 $|\Psi^+\rangle$ であるときの密度行列は式 (8.10) で表されるから，

$$\rho_1 = \mathrm{Tr}_{(2)} \rho = \langle 0| \left(|\Phi^+\rangle\langle\Phi^+|\right) |0\rangle_2 + \langle 1| \left(|\Phi^+\rangle\langle\Phi^+|\right) |1\rangle_2$$
$$= \frac{1}{2} \left(|0\rangle\langle 0|_1 + |1\rangle\langle 1|_1\right)$$
$$= \frac{1}{2} \begin{pmatrix} 1 & 0 \\ 0 & 1 \end{pmatrix} \tag{8.13}$$

となって，量子ビット 1 の状態は $|0\rangle$ と $|1\rangle$ の完全混合状態となることがわかる．量子ビット 2 についても同様である．このように，2 量子ビット系が最大量子もつれ状態にあるとき，各々の量子ビットの状態は完全混合状態となることがわかる．最大量子もつれ状態は 2 状態間にコヒーレンスを有する純粋状態であるが，そのコヒーレンスは 2 つの量子ビットで共有されており，個々の量子ビットの状態はコヒーレンスをもたない完全混合状態となるのである．

8.2 量子もつれ光子対の発生

今日，我々は量子もつれを有する光子をさまざまな方法で発生させることができるようになった．ここでは，それらの中でも最も基本的な，偏光に関する量子もつれ光子対の発生方法について述べる．以下では，光子の偏光状態を表す記号として，4.8 節で用いた記号 $|H\rangle$, $|V\rangle$ 等を用いる．また，光子 1 および光子 2 から成る 2 光子の偏光状態を $|H\rangle_1 \otimes |V\rangle_2 \equiv |H\rangle_1 |V\rangle_2 \equiv |HV\rangle$ などと表す．

原子からのカスケード光放出

人類が初めて量子もつれの存在を確認するに至ったのは，1980 年代のことである．それは，Ca 原子からカスケード放出される光子対を用いて実現された [64,65]．図 8.1 に示すように，励起された ^{40}Ca 原子の 3 準位間のカスケード遷移（$4\mathrm{p}^2\,^1\mathrm{S}_0 \to 4\mathrm{s}4\mathrm{p}\,^1\mathrm{P}_1 \to 4\mathrm{s}^2\,^1\mathrm{S}_0$）に関わる角運動量変化（$J = 0 \to 1 \to 0$）を反映して，放出される 2 光子の間に偏光に関する量子もつれが生じる[4]．このとき，互いに逆方向に放出される光子対を検出すると，それらの偏光状態は

---

[4] 双極子遷移による光子放出過程では，遷移に関わる電子の軌道角運動量の変化と光子の偏光とが対応する．

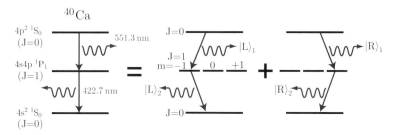

図 8.1 Ca 原子のカスケード遷移による量子もつれ光子対放出の概念図.

$$|\Psi\rangle = \frac{1}{\sqrt{2}}(|LL\rangle + |RR\rangle)$$
$$= \frac{1}{\sqrt{2}}(|HH\rangle - |VV\rangle) \quad (8.14)$$

すなわちベル状態となる．アスペ (A. Aspect) らはこの光源を用いて 2 光子の偏光相関の測定を行い，ベルの不等式（CHSH 不等式）[5]が明らかに破れていることを初めて示したのである [65]．この方法を用いた量子もつれ光子の発生はパイオニア的なものではあったが，その効率や波長可変性の問題で今日ではあまり一般的には用いられなくなった．

パラメトリック下方変換

今日，量子もつれ光子対の発生方法として最も頻繁に用いられる方法は，7.2 節で述べた自発パラメトリック下方変換（SPDC）である．この過程では，2 次の非線形感受率 ($\chi^{(2)}$) を有する非線形光学結晶によって，入射光子 1 個が 2 個の光子に変換される．このとき，エネルギーや波数ベクトルの保存（位相整合条件）が要請されることによって，発生した光子の間に偏光，エネルギー，時間，および空間的な相関が生じる．特に偏光に関しては，放出される 2 光子の偏光が平行となる場合（type-I の位相整合），および 2 光子の偏光が互いに垂直となる場合（type-II の位相整合）が存在し，それらをうまく用いることによっ

---

[5] 局所的実在性と呼ばれる仮定をしたとき，離れた地点にある 2 つの系に対して，非可換な物理量の測定値の間の相関が満たすべき不等式．ベル (J. S. Bell) によって提唱された．電子スピンや光子の偏光などの量子ビット系に対して適用されるベルの不等式の一形式が CHSH 不等式である．量子論に従って量子もつれが存在するとき，これらの不等式は破れることが知られている．

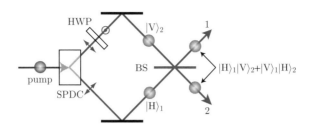

図 8.2 パラメトリック下方変換とビームスプリッタを用いた量子もつれ光子対の生成. Type-I 位相整合により, 同じ波長で水平 (|H⟩) 偏光をもつ光子対が発生する. その一方を半波長板 (HWP) を通して垂直 (|V⟩) 偏光にする. 各々の光子を, ビームスプリッタ (BS) の 2 つの入射ポートから, 光路が重なるように入射する. 2 光子が BS をともに透過するかともに反射するとき, 光子は BS の 2 つの出射ポートの各々に 1 光子ずつ出射され, その偏光状態は量子もつれ状態になる.

て偏光に関する量子もつれを作り出すことが可能である. 例えば, type-I の位相整合を用いて, |HH⟩ の偏光をもつ光子対を生成する過程と |VV⟩ の偏光をもつ光子対を生成する過程とを何らかの方法でコヒーレントに重ね合わせると,

$$|\Psi\rangle = \frac{1}{\sqrt{2}} \left(|\mathrm{HH}\rangle + e^{i\theta}|\mathrm{VV}\rangle \right) \tag{8.15}$$

のような量子もつれ状態を生成することができる. ここで θ は, 各々の過程で生成された状態間の位相差である. 同様に, type-II の位相整合を用いて,

$$|\Psi\rangle = \frac{1}{\sqrt{2}} \left(|\mathrm{HV}\rangle + e^{i\theta}|\mathrm{VH}\rangle \right) \tag{8.16}$$

を生成することもできる. これらの方法で重要なことは, 式 (8.15) または式 (8.16) の第 1 項と第 2 項の状態の間には, 偏光以外 (例えば波長や時間, 光路など) には違いがない (見分けがつかない) ようにすることである. さもなければ, 2 つの状態の間のコヒーレンスが失われ, 生成される状態は重ね合わせ状態ではなく統計的混合状態となってしまうからである. 以下では, SPDC を用いた偏光に関する量子もつれの生成に関して, いくつかの具体的方法について紹介する.

まず, SPDC によって生成された光子対を利用して偏光の量子もつれを最初に作り出した実験 [66, 67] を紹介する. 図 8.2 のように, Type-I 位相整合により, 同じ波長で水平 (|H⟩) 偏光をもつ光子対を発生し, 一方の光子の光路を 1,

他方の光路を 2 とする．そして，光路 2 の光子を，半波長板 (HWP) を通して垂直 ($|V\rangle$) 偏光にする．すなわち，同じ波長の $|H\rangle$ 偏光と $|V\rangle$ 偏光の 2 光子状態 $|H\rangle_1|V\rangle_2$ を生成する[6]．そして，各々の光子を，ビームスプリッタ (BS) の 2 つの入射ポートから光路が重なるように入射する．この配置は，7.3 節で述べた Hong-Ou-Mandel 干渉と同様であるが，光の状態として偏光の自由度も考慮した取り扱いが必要である．BS への入射光の状態を，偏光と光路の自由度を考慮した表現で書き直すと

$$|\Psi\rangle = |H\rangle_1|V\rangle_2 = |10\rangle_1|01\rangle_2 = \hat{a}^\dagger_{1H}\hat{a}^\dagger_{2V}|\mathbf{0}\rangle \tag{8.17}$$

と表すことができる．ここで，$|n_H n_V\rangle_i$ は，光路 i ($=1, 2$) において，H 偏光の光子が n_H 個，V 偏光の光子が n_V 個の個数状態を表し，$|\mathbf{0}\rangle \equiv |00\rangle_1|00\rangle_2$ は真空状態である．BS による演算子の変換式 (5.6) を用いて，式 (8.17) を BS の出力側の状態に変換すると，

$$\begin{aligned}
|\Psi'\rangle &= \frac{e^{i\gamma}}{2} \left(\hat{a}^\dagger_{1'H} - i\hat{a}^\dagger_{2'H}\right)\left(i\hat{a}^\dagger_{1'V} + \hat{a}^\dagger_{2'V}\right)|\mathbf{0}\rangle \\
&= \frac{e^{i\gamma}}{2} \left(\hat{a}^\dagger_{1'H}\hat{a}^\dagger_{2'V} + \hat{a}^\dagger_{1'V}\hat{a}^\dagger_{2'H} + i\hat{a}^\dagger_{1'H}\hat{a}^\dagger_{1'V} - i\hat{a}^\dagger_{2'H}\hat{a}^\dagger_{2'V}\right)|\mathbf{0}\rangle \\
&= \frac{e^{i\gamma}}{2} \left(|10\rangle_{1'}|01\rangle_{2'} + |01\rangle_{1'}|10\rangle_{2'} + i|11\rangle_{1'}|00\rangle_{2'} - i|00\rangle_{1'}|11\rangle_{2'}\right)
\end{aligned} \tag{8.18}$$

となることがわかる．式 (8.18) の最初の 2 項は光路 A と光路 B に 1 光子ずつ存在する状態，最後の 2 項は同じ光路に 2 光子が存在する状態である．光子を観測する際に，光路 1 と光路 2 の各々に 1 光子ずつ検出された場合のみを選択するものとすれば[7]，そのときの出力状態は，

$$\begin{aligned}
|\Psi'\rangle &= \frac{1}{\sqrt{2}} \left(|10\rangle_{1'}|01\rangle_{2'} + |01\rangle_{1'}|10\rangle_{2'}\right) \\
&= \frac{1}{\sqrt{2}} \left(|H\rangle_{1'}|V\rangle_{2'} + |V\rangle_{1'}|H\rangle_{2'}\right)
\end{aligned}$$

---

[6] 原理的には，同じ波長（スペクトル）をもつ光子対であれば，type-II の位相整合を用いて $|H\rangle$ 偏光と $|V\rangle$ 偏光の 2 光子を直接生成してもよい．

[7] 式 (8.18) の状態について，光路 1 と光路 2 の各々に 1 光子ずつ検出する確率は 1/2 である．このように，確率的に現れる事象のうち特定の場合のみを選択することを**事後選択** (post-selection) という．

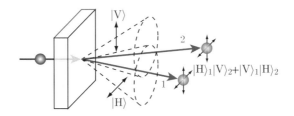

図 8.3 Type-II 位相整合パラメトリック下方変換を用いた量子もつれ光子対の生成．Type-II 位相整合により，水平 ($|H\rangle$) および垂直 ($|V\rangle$) 偏光をもつ光子が各々円錐の斜面に沿った方向に発生する．2 つの円錐が交差する 2 方向に放出される光子対は，偏光に関する量子もつれ状態となる．

$$= \frac{1}{\sqrt{2}} \left(|HV\rangle + |VH\rangle \right) = |\Psi^+\rangle \tag{8.19}$$

となる．ここで，式 (8.18) の全体にかかる位相因子は除外し，選択した状態のみで規格化した．式 (8.19) は，ベル状態 $|\Psi^+\rangle$ すなわち量子もつれ状態である[8]．この方法では，SPDC で生成された状態に対して，ビームスプリッタと事後選択を用いた操作を施し，所望の 2 状態（$|HV\rangle$ と $|VH\rangle$）の重ね合わせ状態を作り出したことになる．

次に，図 8.3 に示すように，type-II の位相整合を用いた方法を紹介する．位相整合条件により，これらの光子は 2 つの円錐の斜面に沿った方向に発生するが，2 つの円錐が交差する 2 方向に放出される光子対の偏光状態は $|HV\rangle$ と $|VH\rangle$ が等しい振幅で重ね合わされた状態

$$|\psi\rangle \equiv \frac{1}{\sqrt{2}} \left(|HV\rangle + e^{i\theta}|VH\rangle \right) \tag{8.20}$$

すなわち量子もつれ状態となる．ここで，位相 θ は例えば片方のパスに複屈折位相板を置いて制御することができる．この方式の光源は，原子からのカスケード放出光に比べて桁違いに高効率で，ほどなくして世界初の量子テレポーテーションの実験（8.5 節参照）に用いられるなど，画期的なものであった．その後，2 枚の type-I 位相整合の結晶を組み合わせたさらに高効率な方法 [68]，干渉計の中に下方変換結晶を入れる方法 [69] なども考案されている．

---

[8] 式 (5.5) 下の脚注に述べたように，光路 1 と光路 2 とで右手系と左手系が反転する座標を採用した場合には，出力状態は $|\Psi^-\rangle$ と表される（座標系の違いに伴って表現が変換されるだけで物理的実体が異なるわけではない）．

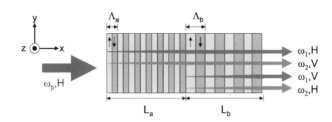

図 8.4　2 周期直列疑似位相整合パラメトリック下方変換を用いた量子もつれ光子対の生成 [70].

さらに近年では，疑似位相整合と呼ばれる新しい技術を用いた量子もつれ光子対の生成方法も研究されている．疑似位相整合とは，光学非線形結晶における非線形感受率 $\chi^{(2)}$ に対して周期的な変調を施すことで，位相整合条件を制御する技術である[9]．その一例として，2 種類の疑似位相整合素子を用いる方法を図 8.4 に示す [70]．この方法では，1 つの非線形光学結晶（ニオブ酸リチウム：$LiNbO_3$）中で 2 種類の異なる分極反転周期（非線形感受率の変調周期）をもつ領域（A と B）が直列に接続された疑似位相整合素子を用いる．この素子では，type-II の位相整合により，互いに垂直な偏光をもつ光子対が生成されるが，疑似位相整合条件の違いにより，領域 A と領域 B とでは偏光方向と振動数の関係が入れ替わった光子対が発生するよう設計されている．このとき，領域 A においては，振動数 ω_1 で $|H\rangle$ 偏光の光子が，振動数 ω_2 で $|V\rangle$ 偏光の光子が発生する．この光子対の状態を，$|H\rangle_{\omega_1}|V\rangle_{\omega_2}$ と書くことにする．同様に，領域 B においては $|V\rangle_{\omega_1}|H\rangle_{\omega_2}$ の光子対が発生する．これらの領域が直列に接続されているので，光子対は領域 A か領域 B かのいずれかで発生した状態の重ね合わせとなり，

$$|\Psi\rangle = \frac{1}{\sqrt{2}}\left(|H\rangle_{\omega_1}|V\rangle_{\omega_2} + e^{i\theta}|V\rangle_{\omega_1}|H\rangle_{\omega_2}\right) \quad (8.21)$$

と書くことができる．回折格子，プリズム，またはダイクロイックミラー[10] によって光子をその振動数（ω_1 または ω_2）に従って 2 つの光路に分ければ，そ

---
[9] 非線形感受率を変調する方法はいくつか提案されているが，強誘電体に対して周期的な分極反転を施すことが主流の方法となっている．
[10] 周波数（波長）に応じて光を透過または反射する光学素子．

8.2 量子もつれ光子対の発生

の状態は偏光に関する量子もつれ状態 (8.16) となることがわかる．ここで重要な点は，式 (8.21) の第 1 項と第 2 項との間で偏光以外には違いがないようにすることである [11]．この方法は，ポンプ光と発生する光子対の伝搬方向がすべて等しい同軸構造となっていることが特長であり，素子構造を光導波路とすることで，量子もつれ光子対の生成効率を飛躍的に高めることが可能である．

以上紹介した例のように，パラメトリック下方変換を用いると良質な量子もつれ光子対を比較的簡便に発生させることができるため，現在では量子情報通信に関連したさまざまな原理検証実験に広く用いられている．最近では，光導波路や擬似位相整合を用いた高効率な非線形光学素子も入手でき，その応用範囲がさらに広がっている．

3 次の非線形過程を用いた方法

SPDC が 2 次の非線形性を用いた波長変換過程であったのに対し，3 次の非線形性を用いた 4 光波パラメトリック過程によって 2 個の入射光子から 2 個の出力光子に変換する過程も考えられる．一般に 3 次の非線形感受率 ($\chi^{(3)}$) の値は小さく，実用的ではないが，うまく分散を制御したファイバ中では，コア径程度の狭い空間内に光が強く閉じこめられることと非常に長い相互作用長とが相まって，3 次の非線形過程が効率的に起こる．また，量子もつれ光子の光子エネルギーが励起光と同程度となるのも特長である．さらに，多くのファイバ用光学部品が利用できる通信波長帯での量子もつれ光子発生に有利であり，量子暗号などの量子情報通信技術と相性がよい．この方法を用いて，通信波長帯での偏光量子もつれ光子対の発生 [71] が報告されている．最近では，Si 細線導波路構造を用いたさらに高効率な量子もつれ光子発生も報告されている．

半導体を用いた方法

上述した方法はいずれも，光励起によって量子もつれ光子対を発生させるものであった．これらの方法に対し，電流励起も可能となる半導体を用いた光源

---

[11] 素子の温度を調整することで，発生する光子の振動数（ω_1 と ω_2 の各々）を第 1 項と第 2 項とで一致させることができる．また，非線形結晶の複屈折性と領域 A および領域 B で発生した光子対の結晶の通過距離の違いに由来して第 1 項と第 2 項との間に識別性が生じるが，その補償も可能である [70]．

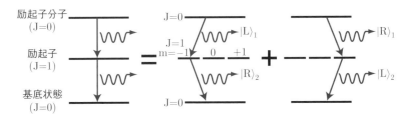

図 8.5 励起子分子を用いた量子もつれ光子対の生成.

の開発も進んでいる.

半導体において単一光子の放出を担うのは,電子と正孔とがクーロン力で結合した**励起子** (exciton) と呼ばれる状態であるが,励起子が 2 個(すなわち 2 組の電子・正孔対が)結合した**励起子分子**を用いると,前述した原子カスケード放出とほぼ同じ原理を用いて偏光に関する量子もつれ光子対が生成できる [72].図 8.5 に示すように,この過程では電子状態の角運動量が励起子分子 ($J=0$) から中間状態である励起子 ($J=1$) を経て終状態である基底状態 ($J=0$) へと変化する.したがって,その角運動量変化($J = 0 \to 1 \to 0$)を反映して,同じ方向へ放出される 2 光子の偏光状態は

$$|\Psi\rangle = \frac{1}{\sqrt{2}} (|LR\rangle + |RL\rangle)$$
$$= \frac{1}{\sqrt{2}} (|HH\rangle + |VV\rangle) \qquad (8.22)$$

となる [12].しかも,半導体量子ドット中の励起子分子を用いることで,「単一の」量子もつれ光子対を生成することもできる.しかし,通常の方法で作製される量子ドットではその形状に異方性が生じ,H 偏光と V 偏光とで放出光子のエネルギーがわずかに異なってしまうために,$|HH\rangle$ と $|VV\rangle$ との間のコヒーレンスが失われ,両者の混合状態 (8.11) になってしまう問題点が知られていた [73].最近,形状異方性を小さくした量子ドットに横磁場を印加して H,V 成分のスペクトルを一致させる方法 [74] や,分裂したスペクトルの中間の光子エネルギー領域のみを選択して観測する方法 [75] 等によって,量子もつれを観測した例が

---

[12] 式 (8.14) と円偏光相関の組み合わせが違うのは,式 (8.14) では逆方向に放出される光子対を,式 (8.22) では同方向に放出される光子対を考えているからである.

報告されている．そして最近，電流励起による量子もつれ光子発生の報告がなされた [76]．動作温度等の点でまだ問題が残っているが，近い将来，量子もつれ光子対を発生する LED が実用化されるかもしれない．

また，量子ドットを用いる以外に，バルク結晶中の励起子分子を用いた量子もつれ光子の発生も可能である [77,78]．その際，2 個の入射光子を用いて励起子分子を直接 2 光子励起することによって，高い効率での光子対の発生が可能である．この過程で生成される光子対も，励起子分子の角運動量を反映して式 (8.22) で表される量子もつれ状態となる．この過程は励起子分子共鳴ハイパーパラメトリック散乱と呼ばれ，$\chi^{(3)}$ を用いた 2 光子から 2 光子への変換という点では上述したファイバ中での 4 光波パラメトリック過程と類似するが，生成原理から自然に偏光の量子もつれが得られることと，励起子や励起子分子といった電子励起状態との共鳴を利用することによって非常に高い効率で変換が起こるのが特長である．

8.3 量子もつれの観測

このようにして発生した光子対の量子もつれを観測，評価するためには，着目している物理量を 2 光子について同時に計測し，その相関を解析する必要がある．例えば，偏光に関する量子もつれの観測では，図 8.6 のように各々の光子に関して 1/4 波長板と検光子から成る偏光射影フィルタを用いて任意の直線

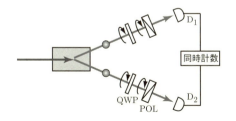

図 8.6　偏光に関する量子もつれの測定装置の模式図．発生した光子対の各々に対して 1/4 波長板 (QWP) と検光子 (POL) を用いて偏光射影測定を行い，2 つの検出器 (D_1, D_2) が同時に光子を検出する頻度を測定する．

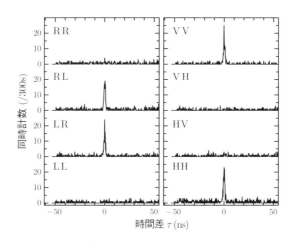

図 8.7 CuCl 結晶を用いた励起子分子共鳴ハイパーパラメトリック散乱によって発生した光子対の偏光相関の測定例. 横軸は 2 光子の時間差, 縦軸は 2 光子を検出した計数である. 図中の LR, HV 等の記号は, はじめの文字が一方の光子の偏光状態, 2 番目の文字が他方の光子の偏光状態であり, L(R) が左（右）回り円偏光, H(V) が水平（垂直）方向の直線偏光を表す.

偏光あるいは円偏光状態への射影測定を行い, 偏光の組み合わせごとに, 2 つの検出器が同時に光子を検出する頻度を測定する.

例として, 上述した励起子分子共鳴ハイパーパラメトリック散乱によって生じた光子対について偏光相関を観測した結果を図 8.7 に示す [78]. 図 8.7 のヒストグラムにおいて, 2 光子の時間差 (τ) が 0 の付近に強く現れる信号が, 相関をもつ光子対の同時検出の結果である. したがって, この信号の偏光相関に注目することで, 発生した光子対の偏光に関する量子相関を議論することができる. 一方, $\tau \neq 0$ に現れるノイズは, 励起レーザーの別々のパルス（パルス間隔 1 ns）によって発生した独立な光子が偶然に同時検出された結果であり, 偏光の相関をもたない. これらのヒストグラムから明らかなように, 互いに逆回りの円偏光（LR, RL）あるいは互いに平行な直線偏光（HH, VV）の組み合わせのときのみ同時検出信号が強く現れ, 光子対の状態が式 (8.22) から予想される偏光相関を明瞭に示していることがわかる. また, この測定に用いた光子対の偏光相関がベルの不等式を破ることも確認されている [78].

8.4 量子もつれの評価

量子もつれを定量的に評価するためには，2 光子の偏光状態に関する密度行列を求める必要がある．予想される量子もつれ状態 (8.22) の密度行列は，$|HH\rangle$, $|HV\rangle$, $|VH\rangle$, $|VV\rangle$ の基底を用いて

$$\rho = |\Psi\rangle\langle\Psi| = \frac{1}{2}\begin{pmatrix} 1 & 0 & 0 & 1 \\ 0 & 0 & 0 & 0 \\ 0 & 0 & 0 & 0 \\ 1 & 0 & 0 & 1 \end{pmatrix} \quad (8.23)$$

と表される．密度行列を解析することにより，量子もつれの程度とそれを乱している原因の見当をつけることができる．密度行列 ρ で表される状態が理想的な量子もつれ状態 $|\Psi\rangle$ にどれだけ近いかを表す量としては，忠実度 (fidelity: F)

$$F = \langle\Psi|\rho|\Psi\rangle \quad (8.24)$$

が用いられる．F は 0 から 1 の値をとり，理想的状態では $F = 1$ となる．また，古典的には最大の相関をもつ混合状態 (8.11) の，量子もつれ状態 (8.23) に対する忠実度は $F = 0.5$ であり，これが古典的状態における忠実度の上限である．

2 光子の偏光に関する密度行列を実験的に求めるには，さまざまな偏光の組み合わせで偏光相関の測定を行い，**量子状態トモグラフィ**と呼ばれる手法で密度行列を推定する [79]．いま，2 量子ビット系の基底の数（ヒルベルト空間の次元）は $2 \times 2 = 4$ であり，密度行列を推定するために最低限必要な偏光の組み合わせ測定の数は $4^2 = 16$ である．計算上は，16 通りの測定値の組み合わせから線形演算により密度行列を推定することはできるが，通常は，信頼できる結果を得るために，16 通り以上の実験値から最尤推定法によって密度行列を求める [79]．

図 8.8 は，前述した励起子分子共鳴ハイパーパラメトリック散乱によって生じた光子対について，図 8.7 と同様にして測定した 22 通りの偏光相関の測定結果から，量子状態トモグラフィによって求めた密度行列をヒストグラムで表

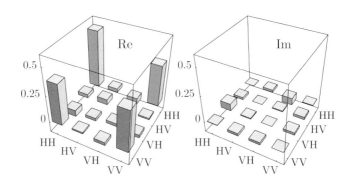

図 8.8 CuCl 結晶を用いた励起子分子共鳴ハイパーパラメトリック散乱によって発生した光子対の 2 光子偏光状態の密度行列．図 8.7 の結果に加え，円偏光（L,R）および直線偏光（H,V，および ±45°）のさまざまな組み合わせによる偏光相関の測定から最尤推定量子状態トモグラフィによって導出し，その実部（左）および虚部（右）を各々ヒストグラムで表示した．

したものである．ここで，密度行列の対角要素は，図 8.7 における直線偏光での偏光相関（HH, HV, VH, VV）の値を直接反映している．図から，対角要素 $|HH\rangle\langle HH|$ および $|VV\rangle\langle VV|$ と非対角要素 $|HH\rangle\langle VV|$ および $|VV\rangle\langle HH|$ の値がほぼ 1/2 となり，予想される状態 (8.23) にごく近い状態が実現されていることがわかる．ただし，実験的条件により，H 偏光と V 偏光の強度にわずかな違いが生じ，$|HH\rangle\langle HH|$ と $|VV\rangle\langle VV|$ のバランスが悪いこと，また，偏光相関を有しない偶然の同時計数の影響で，$|HV\rangle\langle HV|$ と $|VH\rangle\langle VH|$ の成分が若干現れることなど，理想的状態からの違いも見られる．このようにして実験的に得た密度行列の，理想的状態 (8.22) あるいは (8.23) に対する忠実度 (8.24) を評価した結果[13]，$F = 0.85$ という値が得られた．上述したように，古典的には量子もつれの忠実度は 0.5 を超えることはないので，この結果は，観測された光子対が古典限界を超えた量子もつれを有することを示している．

密度行列は量子状態の情報をすべて含んでいる量ではあるが，要素の数が多く，量子もつれの程度を一義的に定量評価する指標としては使いにくい．そのため，量子もつれの定量評価のための指標として，さまざまな量が考案されている．例えば，ベルの不等式などもそのひとつである．また，ebit (E), concurrence

---

[13] 密度行列 ρ は基底 $|HH\rangle$, $|HV\rangle$, $|VH\rangle$, $|VV\rangle$ を用いて表されているので，同じ基底での ψ のベクトル表現 $(1,0,0,1)/\sqrt{2}$ で ρ を挟んだ内積を計算する．

(C), tangle ($T = C^2$) 等の量もよく用いられる．一般に，E を密度行列から直接求めるのは困難であるが，2量子ビット系の場合，C または T は密度行列から比較的簡単に求めることができ，それらから E を求めることができる [80]．例えば，図 8.8 の密度行列から求められる E の値は 0.65 である[14]．古典相関のみの状態 (8.11) では $E = 0$ となることに注意すれば，図 8.8 の密度行列で表される状態が，完全ではないにせよ高い程度の量子もつれを有していることが理解できよう．

8.5 ベル状態測定と量子テレポーテーション

ベル状態測定

前述したように，2量子ビット系の任意の状態ベクトルは，ベル基底 (8.8), (8.9) の線形結合で表すことができる．すなわち式 (8.5) を

$$|\Psi\rangle = \alpha|00\rangle + \beta|01\rangle + \gamma|10\rangle + \delta|11\rangle$$
$$= c_1|\Phi^+\rangle + c_2|\Phi^-\rangle + c_3|\Psi^+\rangle + c_4|\Psi^-\rangle \tag{8.25}$$

と書き換えることができる．ここで，$c_1 = (\alpha + \delta)/\sqrt{2}$, $c_2 = (\alpha - \delta)/\sqrt{2}$, $c_3 = (\beta + \gamma)/\sqrt{2}$, $c_4 = (\beta - \gamma)/\sqrt{2}$ である．

ベル状態測定 (Bell state measurement: BSM) とは，2量子ビット系の状態を4種のベル基底のどれかに射影する測定である．例えば，式 (8.25) の状態 $|\Psi\rangle$ がベル基底 $|\Phi^+\rangle$ に射影（測定）される確率は，$|\langle\Phi^+|\Psi\rangle|^2 = |c_1|^2$ である．同様に，他のベル状態に射影される確率は各々 $|c_2|^2$, $|c_3|^2$, $|c_4|^2$ であり，それらをすべて合わせると $|c_1|^2 + |c_2|^2 + |c_3|^2 + |c_4|^2 = 1$ である．すなわち，ベル状態測定においては，任意の状態がベル状態のどれかひとつに射影されて観測される．ベル状態測定とは測定対象の量子もつれの程度を評価するものではない．しかし，ベル状態測定の結果を利用することで，量子情報通信における重要なプロトコル，例えば以下で述べる**量子テレポーテーション**を実現することができる．

---
[14] 簡単に言えば，この状態を 100 対集めるとそれらから 65 対の最大量子もつれ状態を作ることができることになる．

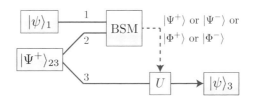

図 8.9 量子テレポーテーションの概念図．量子ビット 2 および 3 の間の量子もつれ $|\Psi^+\rangle_{23}$ を利用して，量子ビット 1 の状態 $|\psi\rangle_1$ を量子ビット 3 に転送する．量子ビット 1 と 2 との間のベル状態測定 (BSM) の結果に応じて，量子ビット 3 に対してユニタリ変換 U を施すことにより，量子ビット 3 の状態は $|\psi\rangle_3$ となる．

量子テレポーテーション

量子テレポーテーションとは，量子もつれを利用することで，ある対象の量子状態を別の対象に移す（転送する）技術である．通常，量子状態の特定には，1 つの物理量だけではなく，例えば位置と運動量といった，互いに非可換な複数の物理量に関する情報が必要である．しかし，一般に，これらの非可換な物理量を同時に正確に求めることはできない（不確定性原理）．したがって，単一光子のように 1 つしかない対象の量子状態を測定によって正確に特定することはできず，その測定結果を使って量子状態を他の対象へ正確に転送することもまた不可能である．しかし，量子もつれとベル状態測定を利用することで，量子状態を（原理的には）正確に転送する操作が可能となる．この技術を量子テレポーテーションという [81][15]．

図 8.9 に示すように，転送の対象が量子ビットの場合を考える．転送したい量子ビット 1 の状態が

$$|\psi\rangle_1 = \alpha|0\rangle_1 + \beta|1\rangle_1 \tag{8.26}$$

にあり，量子ビット 2 および 3 がベル状態

$$|\Psi^+\rangle_{23} = \frac{1}{\sqrt{2}}\left(|0\rangle_2|1\rangle_3 + |1\rangle_2|0\rangle_3\right) \tag{8.27}$$

にあったとしよう．このとき，全系の状態 $|\Psi\rangle_{123}$ は

---

[15] SF のような名前であるが，物質を移動させるわけではなく，量子状態をある対象から別の対象へ移す技術であることに注意せよ．また，ベル状態測定の結果を別の対象のところまで古典通信で送る必要があるので，その通信距離に応じた時間も必要である．

$$|\Psi\rangle_{123} = |\psi\rangle_1 \otimes |\Psi^+\rangle_{23}$$
$$= \frac{\alpha}{\sqrt{2}}(|0\rangle_1|0\rangle_2|1\rangle_3 + |0\rangle_1|1\rangle_2|0\rangle_3)$$
$$+ \frac{\beta}{\sqrt{2}}(|1\rangle_1|0\rangle_2|1\rangle_3 + |1\rangle_1|1\rangle_2|0\rangle_3) \tag{8.28}$$

となる．ここで，量子ビット 1 と 2 の状態を，式 (8.25) を用いてベル基底に書き換えると，

$$|\Psi\rangle_{123} = \frac{1}{2}\left\{|\Psi^+\rangle_{12}(\alpha|0\rangle_3 + \beta|1\rangle_3) + |\Psi^-\rangle_{12}(\alpha|0\rangle_3 - \beta|1\rangle_3)\right.$$
$$\left. + |\Phi^+\rangle_{12}(\beta|0\rangle_3 + \alpha|1\rangle_3) + |\Phi^-\rangle_{12}(-\beta|0\rangle_3 + \alpha|1\rangle_3)\right\} \tag{8.29}$$

となる．したがって，1 と 2 との間でベル状態測定を行い，その結果が 4 種のベル基底のいずれであったかによって[16]，量子ビット 3 の状態は

$$\begin{aligned}
|\Psi^+\rangle_{12} &\to \alpha|0\rangle_3 + \beta|1\rangle_3 = |\psi\rangle_3, \\
|\Psi^-\rangle_{12} &\to \alpha|0\rangle_3 - \beta|1\rangle_3 = \sigma_1|\psi\rangle_3, \\
|\Phi^+\rangle_{12} &\to \beta|0\rangle_3 + \alpha|1\rangle_3 = \sigma_2|\psi\rangle_3, \\
|\Phi^-\rangle_{12} &\to -\beta|0\rangle_3 + \alpha|1\rangle_3 = \sigma_2\sigma_1|\psi\rangle_3
\end{aligned} \tag{8.30}$$

に定まる．ここで，σ_i はパウリ行列（演算子）(2.53) である．特に，ベル状態測定の結果が $|\Psi^+\rangle_{12}$ であった場合には，量子ビット 3 の状態は $|\psi\rangle_3$ であり，量子ビット 1 の初期状態 $|\psi\rangle_1$ と等価となる．すなわち，量子ビット 1 の状態が量子ビット 3 に転送されることがわかる[17]．ベル測定の結果が他の状態であった場合にも，量子ビット 3 の状態は $|\psi\rangle_3$ に適当なユニタリ変換を施したものであるから，その逆変換を施すことによって，量子ビット 1 の状態を再現できることになる．これが量子ビットのテレポーテーションである[18]．

---

[16] このとき，4 種のベル状態のうちの特定の 1 つが測定される確率は，いずれも 1/4 である．

[17] ベル状態測定の後，量子ビット 1, 2 の状態はベル状態すなわち最大量子もつれ状態となるのであるから，量子ビット 1 単独の状態は完全混合状態となる．すなわち，ベル状態測定によって量子ビット 1 の状態は破壊される．

[18] ここでは，あらかじめ用意する量子もつれ状態として $|\Psi^+\rangle$ を用いたが，他のベル状態を用いても同様のことができる．

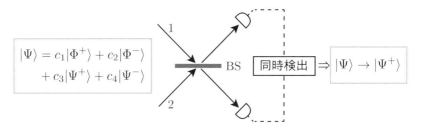

図 8.10　2 光子干渉によるベル状態測定の概念図．

偏光量子ビットのベル状態測定と量子テレポーテーション

　以下では，単一光子の偏光量子ビットに対するベル状態測定と量子テレポーテーションについて述べる．その要であるベル状態測定であるが，残念ながら線形光学素子を用いた操作では，4 種のベル基底すべてに決定論的に射影できるベル状態測定（完全ベル状態測定）は不可能であることが知られている．しかし，そのうちのひとつ（例えば $|\Psi^+\rangle$）に射影する測定（部分的ベル状態測定）は，以下のようにして実現できる．

　図 8.10 のように，50%：50% 無偏光ビームスプリッタの 2 つの入射ポートに，同一周波数 ω の光子対を同時に入射し，反射と透過の光路が重なるように干渉させる．この配置は，7.3 節で述べた Hong-Ou-Mandel 干渉や，図 8.2 に示した偏光量子もつれ状態の生成方法と同じである．入射光子の偏光状態として 4 種のベル基底を考え，式 (8.18) と同様にして出力光の状態を調べると，$|\Phi^+\rangle$，$|\Phi^-\rangle$ および $|\Psi^-\rangle$ のときには 2 光子はどちらかの出力ポートへ一緒に出射し，$|\Psi^+\rangle$ のときには 1 光子ずつ 2 つの出力ポートに分かれて出射することがわかる．すなわち，入射光の偏光状態を構成する 4 つのベル基底のうち 2 光子が 2 つの出力光路に分かれて出射するのは，入射光が $|\Psi^+\rangle$ の場合のみである．したがって，2 つの出力光路に置いた 2 台の光子検出器で光子を同時検出する測定は，入射光子の状態 $|\Psi^+\rangle$ に対する射影測定となることがわかる[19]．すなわ

---

[19] 射影される状態が $|\Psi^-\rangle$ であるとする文献も多く見られる（例えば [82], [83]）．式 (5.5) 下の脚注に述べたように，これは，光路 1 と光路 2 の座標の定義の違いによるものと思われる．本書では一貫して図 5.2 に示した座標のとり方（光路 1, 2 とも右手系）を採用しているが，光路 1 と光路 2 とで右手系と左手系を反転する座標のとり方もありうる．その際には反射に伴う H 偏光成分の反転がなく，射影される状態は $|\Psi^-\rangle$ と表される（座標系の違いに伴って表現が変換されるだけで物理的実体が異なるわけでは

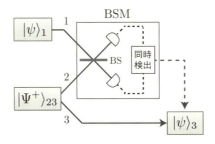

図 8.11 光子の偏光量子ビットの量子テレポーテーション．

ち，この測定は，4つのベル状態をすべて識別する完全ベル状態測定ではないが，入力状態をベル状態のうちの1つの状態 $|\Psi^+\rangle$ に射影する部分的ベル状態測定となるのである．

図8.11に，光子の偏光量子ビットの量子テレポーテーションの概念図を示す．ベル状態 $|\Psi^+\rangle_{23}$ にある光子2および3を準備し，任意の偏光状態 ($|\psi\rangle_1$) にある光子1と光子2との間で上述したベル状態測定を行う．ビームスプリッタ (BS) の両方の出力で光子が同時検出された場合（その確率は 1/4），ベル状態測定の結果が $|\Psi^+\rangle_{12}$ であることになり，その場合には光子1の状態 ($|\psi\rangle_1$) が光子3の状態 ($|\psi\rangle_3$) として転送されたことになる．この種の実験は，インスブルック大学のグループ [83] によって初めて行われた[20]．この実験では，type-II 位相整合 SPDC（図 8.3 に示した方法）を用いて同時に2対の光子対を互いに逆向きに発生し，その1対をベル状態として用い，他の1対を伝令付き光子として用いた．光子1の偏光状態を偏光子を用いて種々の状態に準備し，ベル状態測定を通して光子3に転送後，光子3の偏光状態が光子1に対して準備した状態とほぼ同じになっていること，すなわち量子テレポーテーションが実行されていることを確認した[21]．

ない）．実験的には，例えば光路の片方を鏡で反射すること等によっても容易に起こりうる変換であるので，注意する必要がある．

20) そのため，インスブルック実験とも呼ばれる．

21) 光子1と光子2が各々1個ずつ BS に入力されたときのベル状態測定の成功確率は 1/4 である．用いられた実験条件では，光子1と光子2が同時に入力される確率と，光子1（伝令付き光子）が2光子同時に入力されてしまう確率が同程度で，後者が BS の出力で同時検出される確率は 1/2 となるため，この「ベル状態測定」に基づくテレポーテーションの過半数は誤り（光子 2, 3 が不在）となってしまう問題が指摘されて

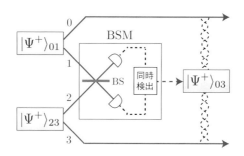

図 8.12　光子の偏光の量子もつれスワッピング．

さらに，量子テレポーテーションを応用すると，図 8.12 に示す**量子もつれスワッピング**と呼ばれる操作を実現することができる [84]．この操作では，量子もつれ状態にある 2 光子（光子 0 および光子 1）のうちの片方（光子 1）の状態を量子テレポーテーションで光子 3 に転送する．すると，はじめは光子 0 と光子 1 との間に存在していた量子もつれが，光子 0 と光子 3 との間の量子もつれとして移されることになる．つまり，はじめは何も相関のなかった光子 0 と光子 3 の間に量子もつれを移動することができる．この操作を次々と行うことにより，遠く離れた光子あるいは量子ビットの間に量子もつれを移動させて行くことができる．これは，量子情報通信における情報伝送距離を延ばすための**量子中継器**を実現する際に重要な技術であると考えられている．

上の例で述べたような光の偏光状態の転送の実験例では，ベル状態測定においてとりうる 4 種の結果のうち，1/4 の確率で偶然 $|\Psi^+\rangle$ 状態になった場合のみ転送が成功し，他の場合には転送が行われないので，まだ完全な量子テレポーテーションとは言えない．これに対し，直交位相空間における光の状態のような連続的な量子状態を転送する，**連続変数量子テレポーテーション** [85, 86] も提案・実現されている．このように，量子もつれは量子情報通信技術などにおいて欠くことのできない重要なリソースとなっており，その応用範囲がますます広がることが期待される．

いる．インスブルック実験では，光子 3 が測定された場合のみを結果として取り扱っている．

参考文献

[1] R. Loudon: "*The Quantum Theory of Light*" (Oxford University Press, Oxford, 2000) 3rd ed.

[2] 朝永振一郎:「光子の裁判―ある日の夢―」基礎科学 **3**, No. 4 (1948) 5; 朝永振一郎著作集 8『量子力学的世界像』(みすず書房, 1982) にも収録.

[3] 例えば,数理科学,特集：波と粒子―「光子の裁判」を通して見る量子の不思議―, **607**, No. 1 (2014).

[4] M. Born and E. Wolf "*Principles of Optics*" (Cambridge University Press, Cambridge, 1999) 7th ed.

[5] Z. Y. Ou, C. K. Hong, and L. Mandel: "Relation between input and output states for a beam splitter" Opt. Commun. **63** (1987) 118.

[6] A. Zeilinger, H. J. Bernstein, and M. A. Horne: "Information Transfer with Two-state Two-particle Quantum Systems" J. Mod. Opt. **41** (1994) 2375.

[7] R. H. Brown and R. Twiss: "A Test of a New Type of Stellar Interferometer on Sirius" Nature **178** (1956) 1046.

[8] R. H. Brown and R. Twiss: "Interferometry of the Intensity Fluctuations in Light. IV. A Test of an Intensity Interferometer on Sirius A" Proc. Roy. Soc. London A **248** (1958) 222.

[9] R. H. Brown and R. Twiss: "Interferometry of the Intensity Fluctuations in Light II. An Experimental Test of the Theory for Partially Coherent Light" Proc. Roy. Soc. London A **243** (1958) 291.

[10] D. T. Phillips, H. Kleiman, and S. P. Davis: "Intensity-Correlation Linewidth Measurement" Phys. Rev. **153** (1967) 113.

[11] H. J. Carmichael and D. F. Walls: "A quantum-mechanical master equation treatment of the dynamical Stark effect" J. Phys. B: At. Mol. Phys. **9** (1976) 1199.

[12] H. J. Kimble, M. Dagenais, and L. Mandel: "Photon Antibunching in Resonance Fluorescence" Phys. Rev. Lett. **39** (1977) 691.

[13] M. Dagenais and L. Mandel: "Investigation of two-time correlations in photon emissions from a single atom" Phys. Rev. A **18** (1978) 2217.

[14] F. Diedrich and H. Walther: "Nonclassical radiation of a single stored ion" Phys. Rev. Lett. **58** (1987) 203.

[15] T. Basché, W. E. Moerner, M. Orrit, and H. Talon: "Photon antibunching in the fluorescence of a single dye molecule trapped in a solid" Phys. Rev. Lett. **69** (1992) 1516.

[16] B. Lounis and W. E. Moerner: "Single photons on demand from a single molecule at room temperature" Nature **407** (2000) 491.

[17] R. Brouri, A. Beveratos, J.-P. Poizat, and P. Grangier: "Photon antibunching in the fluorescence of individual color centers in diamond" Opt. Lett. **25** (2000) 1294.

[18] A. Imamoglu, P. Michler, M. D. Mason, P. J. Carson, G. F. Strouse, and S. K. Buratto: "Quantum correlation among photons from a single quantum dot at room temperature" Nature **406** (2000) 968.

[19] P. Michler: "A Quantum Dot Single-Photon Turnstile Device" Science **290** (2000) 2282.

[20] C. Santori, M. Pelton, G. Solomon, Y. Dale, and Y. Yamamoto: "Triggered Single Photons from a Quantum Dot" Phys. Rev. Lett. **86** (2001) 1502.

[21] S. Masuo, A. Masuhara, T. Akashi, M. Muranushi, S. Machida, H. Kasai, H. Nakanishi, H. Oikawa, and A. Itaya: "Photon Antibunching in the Emission from a Single Organic Dye Nanocrystal" Jpn. J. Appl. Phys. **46** (2007) L268.

[22] D. F. Walls: "Evidence for the quantum nature of light" Nature **280**

(1979) 451.

[23] R. Loudon: "Non-classical effects in the statistical properties of light" Rep. Prog. Phys. **43** (1980) 913.

[24] B. Lounis and M. Orrit: "Single-photon sources" Rep. Prog. Phys. **68** (2005) 1129.

[25] I. Aharonovich, D. Englund, and M. Toth: "Solid-state single-photon emitters" Nat. Photon, **10** (2016) 631.

[26] M. Nirmal, B. O. Dabbousi, M. G. Bawendi, J. J. Macklin, J. K. Trautman, T. D. Harris, and L. E. Brus: "Fluorescence intermittency in single cadmium selenide nanocrystals" Nature **383** (1996) 802.

[27] B. Lounis, H. A. Bechtel, D. Gerion, P. Alivisatos, and W. E. Moerner: "Photon antibunching in single CdSe/ZnS quantum dot fluorescence" Chem. Phys. Lett. **329** (2000) 399.

[28] Z. Yuan: "Electrically Driven Single-Photon Source" Science **295** (2001) 102.

[29] K. Takemoto, Y. Sakuma, S. Hirose, T. Usuki, N. Yokoyama, T. Miyazawa, M. Takatsu, and Y. Arakawa: "Non-classical Photon Emission from a Single InAs/InP Quantum Dot in the 1.3-μm Optical-Fiber Band" Jpn. J. Appl. Phys. **43** (2004) L993.

[30] T. Miyazawa, K. Takemoto, Y. Sakuma, S. Hirose, T. Usuki, N. Yokoyama, M. Takatsu, and Y. Arakawa: "Single-Photon Generation in the 1.55-μm Optical-Fiber Band from an InAs/InP Quantum Dot" Jpn. J. Appl. Phys. **44** (2005) L620.

[31] K. Takemoto, M. Takatsu, S. Hirose, N. Yokoyama, Y. Sakuma, T. Usuki, T. Miyazawa, and Y. Arakawa: "An optical horn structure for single-photon source using quantum dots at telecommunication wavelength" J. Appl. Phys. **101** (2007) 081720.

[32] C. Kurtsiefer, S. Mayer, P. Zarda, and H. Weinfurter: "Stable Solid-State Source of Single Photons" Phys. Rev. Lett. **85** (2000) 290.

[33] I. Aharonovich, S. Castelletto, D. A. Simpson, C.-H. Su, A. D. Greentree,

and S. Prawer: "Diamond-based single-photon emitters" Rep. Prog. Phys. **74** (2011) 076501.

[34] N. Abe, Y. Mitsumori, M. Sadgrove, and K. Edamatsu: "Dynamically unpolarized single-photon source in diamond with intrinsic randomness" Sci. Rep. **7** (2017) 46722.

[35] V. Jacques, E. Wu, T. Toury, F. Treussart, A. Aspect, P. Grangier, and J.-F. Roch: "Single-photon wavefront-splitting interference" Eur. Phys. J. D **35** (2005) 561.

[36] F. Jelezko, A. Volkmer, A. Volkmer, I. Popa, I. Popa, K. Rebane, K. Rebane, and J. Wrachtrup: "Coherence length of photons from a single quantum system" Phys. Rev. A **67** (2003) 041802.

[37] N. Imoto, H. A. Haus, and Y. Yamamoto: "Quantum nondemolition measurement of the photon number via the optical Kerr effect" Phys. Rev. A **32** (1985) 2287.

[38] P. Grangier, J. A. Levenson, and J.-P. Poizat: "Quantum non-demolition measurements in optics " Nature **396** (1998) 537.

[39] N. Matsuda, R. Shimizu, Y. Mitsumori, H. Kosaka, and K. Edamatsu: "Observation of optical-fibre Kerr nonlinearity at the single-photon level" Nat. Photon, **3** (2009) 95.

[40] J. A. Wheeler and W. H. Zurek: *"Quantum Theory and Measurement"* (Princeton University Press, Princeton, NJ, 1983).

[41] V. Jacques, E. Wu, F. Grosshans, F. Grosshans, F. Treussart, P. Grangier, A. Aspect, and J.-F. Roch: "Experimental Realization of Wheeler's Delayed-Choice Gedanken Experiment" Science **315** (2007) 966.

[42] M. Scully and K. Drühl: "Quantum eraser: A proposed photon correlation experiment concerning observation and "delayed choice" in quantum mechanics" Phys. Rev. A **25** (1982) 2208.

[43] M. O. Scully, B.-G. Englert, and H. Walther: "Quantum optical tests of complementarity" Nature **351** (1991) 111.

[44] P. G. Kwiat, A. M. Steinberg, and R. Y. Chiao: "Observation of a "quan-

tum eraser": A revival of coherence in a two-photon interference experiment" Phys. Rev. A **45** (1992) 7729.

[45] Y. Aharonov, D. Albert, and L. Vaidman: "How the result of a measurement of a component of the spin of a spin-1/2 particle can turn out to be 100" Phys. Rev. Lett. **60** (1988) 1351.

[46] S. Kocsis, B. Braverman, S. Ravets, M. J. Stevens, R. P. Mirin, L. K. Shalm, and A. M. Steinberg: "Observing the Average Trajectories of Single Photons in a Two-Slit Interferometer" Science **332** (2011) 1170.

[47] J. S. Lundeen, B. Sutherland, A. Patel, C. Stewart, and C. Bamber: "Direct measurement of the quantum wavefunction" Nature **474** (2011) 188.

[48] D. F. Walls and G. J. Milburn: "*Quantum Optics*" (Springer-Verlag, Berlin Heidelberg, 2008) 2nd ed.

[49] C. K. Hong, Z. Y. Ou, and L. Mandel: "Measurement of subpicosecond time intervals between two photons by interference" Phys. Rev. Lett. **59** (1987) 2044.

[50] K. Edamatsu, R. Shimizu, and T. Itoh: "Measurement of the Photonic de Broglie Wavelength of Entangled Photon Pairs Generated by Spontaneous Parametric Down-Conversion" Phys. Rev. Lett. **89** (2002) 97.

[51] R. Shimizu and K. Edamatsu: "High-flux and broadband biphoton sources with controlled frequency entanglement" Opt. Exp. **17** (2009) 16385.

[52] J. Jacobson, G. Björk, I. Chuang, I. Chuang, and Y. Yamamoto: "Photonic de Broglie Waves" Phys. Rev. Lett. **74** (1995) 4835.

[53] M. Mitchell, J. Lundeen, and A. Steinberg: "Super-resolving phase measurements with a multiphoton entangled state" Nature **429** (2004) 161.

[54] P. Walther, J.-W. Pan, M. Aspelmeyer, R. Ursin, S. Gasparoni, and A. Zeilinger: "De Broglie wavelength of a non-local four-photon state" Nature **429** (2004) 158.

[55] F. W. Sun, B. H. Liu, Y. F. Huang, Z. Y. Ou, and G. C. Guo: "Observation of the four-photon de Broglie wavelength by state-projection measurement" Phys. Rev. A **74** (2006) 033812.

[56] T. Nagata, R. Okamoto, J. L. O'Brien, K. Sasaki, and S. Takeuchi: "Beating the Standard Quantum Limit with Four-Entangled Photons" Science **316** (2007) 726.

[57] M. Yabuno, R. Shimizu, Y. Mitsumori, H. Kosaka, and K. Edamatsu: "Four-photon quantum interferometry at a telecom wavelength" Phys. Rev. A **86** (2012) 010302.

[58] I. Afek, O. Ambar, and Y. Silberberg: "High-NOON States by Mixing Quantum and Classical Light" Science **328** (2010) 879.

[59] I. Afek, O. Ambar, and Y. Silberberg: "Classical Bound for Mach-Zehnder Superresolution" Phys. Rev. Lett. **104** (2010) 123602.

[60] G. Y. Xiang, H. F. Hofmann, and G. J. Pryde: "Optimal multi-photon phase sensing with a single interference fringe" Sci. Rep. **3** (2013) 145.

[61] A. N. Boto, P. Kok, D. S. Abrams, S. L. Braunstein, C. P. Williams, and J. P. Dowling: "Quantum Interferometric Optical Lithography: Exploiting Entanglement to Beat the Diffraction Limit" Phys. Rev. Lett. **85** (2000) 2733.

[62] P. Grangier, G. Roger, and A. Aspect: "Experimental Evidence for a Photon Anticorrelation Effect on a Beam Splitter: A New Light on Single-Photon Interferences" Europhys. Lett. **1** (1986) 173.

[63] A. Einstein, B. Podolsky, and N. Rosen: "Can Quantum-Mechanical Description of Physical Reality Be Considered Complete?" Phys. Rev. **47** (1935) 777.

[64] A. Aspect, P. Grangier, and G. Roger: "Experimental Tests of Realistic Local Theories via Bell's Theorem" Phys. Rev. Lett. **47** (1981) 460.

[65] A. Aspect, P. Grangier, and G. Roger: "Experimental Realization of Einstein-Podolsky-Rosen-Bohm Gedankenexperiment: A New Violation of Bell's Inequalities " Phys. Rev. Lett. **49** (1982) 91.

[66] Z. Y. Ou and L. Mandel: "Violation of Bell's Inequality and Classical Probability in a Two-Photon Correlation Experiment" Phys. Rev. Lett. **61** (1988) 50.

[67] Y. H. Shih and C. O. Alley: "New Type of Einstein-Podolsky-Rosen-Bohm Experiment Using Pairs of Light Quanta Produced by Optical Parametric Down Conversion" Phys. Rev. Lett. **61** (1988) 2921.

[68] P. G. Kwiat, E. Waks, A. G. White, I. Appelbaum, and P. H. Eberhard: "Ultrabright source of polarization-entangled photons" Phys. Rev. A **60** (1999) R773.

[69] B.-S. Shi and A. Tomita: "Generation of a pulsed polarization entangled photon pair using a Sagnac interferometer" Phys. Rev. A **69** (2004) 013803.

[70] W. Ueno, F. Kaneda, H. Suzuki, S. Nagano, A. Syouji, R. Shimizu, K. Suizu, and K. Edamatsu: "Entangled photon generation in two-period quasi-phase-matched parametric down-conversion" Opt. Exp. **20** (2012) 5508.

[71] H. Takesue and K. Inoue: "Generation of polarization-entangled photon pairs and violation of Bell's inequality using spontaneous four-wave mixing in a fiber loop" Phys. Rev. A **70** (2004) 031802.

[72] O. Benson, C. Santori, M. Pelton, and Y. Yamamoto: "Regulated and Entangled Photons from a Single Quantum Dot" Phys. Rev. Lett. **84** (2000) 2513.

[73] C. Santori, D. Fattal, M. Pelton, G. S. Solomon, and Y. Yamamoto: "Polarization-correlated photon pairs from a single quantum dot" Phys. Rev. B **66** (2002) 045308.

[74] R. M. Stevenson, R. J. Young, P. Atkinson, K. Cooper, D. A. Ritchie, and A. J. Shields: "A semiconductor source of triggered entangled photon pairs" Nature **439** (2006) 179.

[75] N. Akopian, N. H. Lindner, E. Poem, Y. Berlatzky, J. Avron, D. Gershoni, B. D. Gerardot, and P. M. Petroff: "Entangled Photon Pairs from Semiconductor Quantum Dots" Phys. Rev. Lett. **96** (2006) 130501.

[76] C. L. Salter, R. M. Stevenson, I. Farrer, C. A. Nicoll, D. A. Ritchie, and A. J. Shields: "An entangled-light-emitting diode" Nature **465** (2010) 594.

[77] K. Edamatsu, G. Oohata, R. Shimizu, and T. Itoh: "Generation of ultraviolet entangled photons in a semiconductor" Nature **431** (2004) 167.

[78] G. Oohata, R. Shimizu, and K. Edamatsu: "Photon Polarization Entanglement Induced by Biexciton: Experimental Evidence for Violation of Bell's Inequality" Phys. Rev. Lett. **98** (2007) 140503.

[79] D. F. V. James, P. G. Kwiat, W. J. Munro, and A. G. White: "Measurement of qubits" Phys. Rev. A **64** (2001) 399.

[80] W. K. Wootters: "Entanglement of Formation of an Arbitrary State of Two Qubits" Phys. Rev. Lett. **80** (1998) 2245.

[81] C. H. Bennett, G. Brassard, C. Crépeau, R. Jozsa, A. Peres, and W. K. Wootters: "Teleporting an unknown quantum state via dual classical and Einstein-Podolsky-Rosen channels" Phys. Rev. Lett. **70** (1993) 1895.

[82] S. L. Braunstein and A. Mann: "Measurement of the Bell operator and quantum teleportation" Phys. Rev. A **51** (1995) R1727.

[83] D. Bouwmeester, J.-W. Pan, K. Mattle, M. Eibl, H. Weinfurter, and A. Zeilinger: "Experimental quantum teleportation" Nature **390** (1997) 575.

[84] J.-W. Pan, D. Bouwmeester, H. Weinfurter, and A. Zeilinger: "Experimental Entanglement Swapping: Entangling Photons That Never Interacted" Phys. Rev. Lett. **80** (1998) 3891.

[85] S. L. Braunstein and H. J. Kimble: "Teleportation of Continuous Quantum Variables" Phys. Rev. Lett. **80** (1998) 869.

[86] A. Furusawa, J. L. Sørensen, S. L. Braunstein, C. A. Fuchs, H. J. Kimble, and E. S. Polzik: "Unconditional Quantum Teleportation" Science **282** (1998) 706.

索　引

▍英数字▶

Fano 因子 ……………………… 52
NOON 状態 …………………… 119

▍あ▶

位相空間 ………………………… 21
位相整合条件 ………………… 114
位相速度 …………………………… 8
一般化座標 ……………………… 20
インコヒーレント ………… 14, 76
ウィグナー関数 ………………… 34
ウィーナー・ヒンチンの定理 ‥ 34, 77
運動方程式 ……………………… 19
運動量表示 ……………………… 32
エルミート多項式 ……………… 31
エンタングルメント ………… 123
円偏光 …………………………… 11

▍か▶

角運動量 ………………………… 43
確率密度 ………………………… 33
干渉 ………………………………… 3
干渉計 …………………………… 69
完全混合状態 …………………… 55
完全性 ……………………… 25, 29
規格直交性 ………………… 25, 29
基準モード ……………………… 41
期待値 …………………………… 26
基底状態 ………………………… 24
キュービット …………………… 2
強測定 ………………………… 106

強度演算子 ……………………… 48
共役 ……………………………… 20
屈折率 ……………………………… 8
結合確率密度 …………………… 33
交換関係 ………………………… 22
光子 …………………………… 3, 48
光子数状態 …………………… 3, 49
光子対 ………………………… 2, 3
光電効果 …………………………… 1
個数演算子 ……………………… 23
個数状態 ………………………… 23
コヒーレンス ……………… 14, 75
コヒーレンス時間 ……………… 78
コヒーレント ……………… 14, 75
コヒーレント状態 ……… 3, 37, 50
混合状態 ………………………… 54
コンプトン効果 ………………… 1

▍さ▶

最大量子もつれ状態 ………… 125
座標表示 ………………………… 28
事後選択 ……………………… 130
自発パラメトリック下方変換 …… 112
射影測定 ……………………… 106
弱測定 ………………………… 106
弱値 …………………………… 110
周辺分布 ………………………… 33
シュレーディンガー表示 ……… 56
純粋状態 ………………………… 52
純粋度 …………………………… 55
消滅演算子 ……………………… 23
ジョーンズベクトル …………… 11
真空状態 …………………… 24, 49

真空ゆらぎ・・・・・・・・・・・・・・・・・・・・・・・・・・・・・・ 50
ストークス演算子・・・・・・・・・・・・・・・・・・・・・・・ 43
ストークスパラメータ・・・・・・・・・・・・・・・・・・ 16
ストークスベクトル・・・・・・・・・・・・・・・・・・・・ 16
正規直交性・・・・・・・・・・・・・・・・・・・・・・・・・ 25, 29
正準運動方程式・・・・・・・・・・・・・・・・・・・・・・・・ 20
正準共役・・・・・・・・・・・・・・・・・・・・・・・・・・・・・・ 20
正準方程式・・・・・・・・・・・・・・・・・・・・・・・・・・・・ 20
生成演算子・・・・・・・・・・・・・・・・・・・・・・・・・・・・ 23
零点エネルギー・・・・・・・・・・・・・・・・・・・・・・・・ 24
相関関数・・・・・・・・・・・・・・・・・・・・・・・・・・・・・・ 75
相互相関関数・・・・・・・・・・・・・・・・・・・・・・・・・・ 14
相補性・・・・・・・・・・・・・・・・・・・・・・・・・・・・・・・ 108

■ た ▶

第 2 高調波発生・・・・・・・・・・・・・・・・・・・・・・・ 113
楕円偏光・・・・・・・・・・・・・・・・・・・・・・・・・・・・・・ 12
縦モード・・・・・・・・・・・・・・・・・・・・・・・・・・・・・・ 59
単一光子・・・・・・・・・・・・・・・・・・・・・・・・・ 2, 3, 95
単一モード・・・・・・・・・・・・・・・・・・・・・・・・・・・・ 62
遅延選択・・・・・・・・・・・・・・・・・・・・・・・・・・・・・ 108
調和振動子・・・・・・・・・・・・・・・・・・・・・・・・・ 3, 19
直積状態・・・・・・・・・・・・・・・・・・・・・・・・・・・・・・ 63
直線偏光・・・・・・・・・・・・・・・・・・・・・・・・・・・・・・ 11
電磁波・・・・・・・・・・・・・・・・・・・・・・・・・・・・・・ 1, 5
伝令付き光子・・・・・・・・・・・・・・・・・・・・・・・・・ 120
統計的混合状態・・・・・・・・・・・・・・・・・・・・・・・・ 54

■ な ▶

熱放射状態・・・・・・・・・・・・・・・・・・・・・・・・・・・・ 57

■ は ▶

ハイゼンベルク表示・・・・・・・・・・・・・・・・・・・・ 22
波数ベクトル・・・・・・・・・・・・・・・・・・・・・・・・・・・ 7
波動関数・・・・・・・・・・・・・・・・・・・・・・・・・・・・・・ 28
波動方程式・・・・・・・・・・・・・・・・・・・・・・・・・・・・・ 6
場の演算子・・・・・・・・・・・・・・・・・・・・・・・・・・・・ 47
ハミルトニアン・・・・・・・・・・・・・・・・・・・・・・・・ 20
パラメトリック下方変換・・・・・・・・・・・・・・・ 113
パラメトリック蛍光・・・・・・・・・・・・・・・・・・・ 113
パラメトリック増幅・・・・・・・・・・・・・・・・・・・ 113
パワースペクトル・・・・・・・・・・・・・・・・・・・・・・ 77
バンチング・・・・・・・・・・・・・・・・・・・・・・・・・・・・ 89
光強度・・・・・・・・・・・・・・・・・・・・・・・・・・・・・ 10, 48
ビームスプリッタ・・・・・・・・・・・・・・・・・・・・・・ 70
標準偏差・・・・・・・・・・・・・・・・・・・・・・・・・・・・・・ 26
フォック状態・・・・・・・・・・・・・・・・・・・・・・・・・・ 49
不確定性関係・・・・・・・・・・・・・・・・・・・・・・・・・・ 28
プランクの放射法則・・・・・・・・・・・・・・・・・・・・・ 1
ブロッホ球・・・・・・・・・・・・・・・・・・・・・・・・・ 17, 67
ブロッホベクトル・・・・・・・・・・・・・・・・・・・ 17, 67
分散・・・・・・・・・・・・・・・・・・・・・・・・・・・・・・・・・・ 26
分離可能状態・・・・・・・・・・・・・・・・・・・・・・・・・・ 63
平均二乗偏差・・・・・・・・・・・・・・・・・・・・・・・・・・ 26
平面波・・・・・・・・・・・・・・・・・・・・・・・・・・・・・・・・・ 7
ベル基底・・・・・・・・・・・・・・・・・・・・・・・・・・・・・ 125
ベル状態・・・・・・・・・・・・・・・・・・・・・・・・・・・・・ 125
ベル状態測定・・・・・・・・・・・・・・・・・・・・・・・ 4, 139
変位演算子・・・・・・・・・・・・・・・・・・・・・・・・・・・・ 39
偏光・・・・・・・・・・・・・・・・・・・・・・・・・・・・・ 2, 3, 10
偏光行列・・・・・・・・・・・・・・・・・・・・・・・・・・・・・・ 15
偏光ビームスプリッタ・・・・・・・・・・・・・・・・・・ 73
ポアソンの括弧式・・・・・・・・・・・・・・・・・・・・・・ 21
ポアンカレ球・・・・・・・・・・・・・・・・・・・・・・・・・・ 16

■ ま ▶

マクスウェルの方程式・・・・・・・・・・・・・・・・・・・ 5
密度演算子・・・・・・・・・・・・・・・・・・・・・・・・・・・・ 53
密度行列・・・・・・・・・・・・・・・・・・・・・・・・・・・・・・ 53
無偏光・・・・・・・・・・・・・・・・・・・・・・・・・・・・・・・・ 13
モード・・・・・・・・・・・・・・・・・・・・・・・・・・・・・・・・ 58

■ や ▶

ヤングの干渉・・・・・・・・・・・・・・・・・・・・・・・・・・・ 1
ゆらぎ・・・・・・・・・・・・・・・・・・・・・・・・・・・・・・・・ 26
横波・・・・・・・・・・・・・・・・・・・・・・・・・・・・・・・・・・・ 8
横モード・・・・・・・・・・・・・・・・・・・・・・・・・・・・・・ 59

■ ら ▶

ラグランジアン・・・・・・・・・・・・・・・・・・・・・・・・ 20

量子干渉 ……………………………… 3
量子光学 ……………………………… 2
量子消去 …………………………… 109
量子状態トモグラフィ …………… 137
量子情報通信 ………………………… 2
量子性 ………………………………… 1
量子中継器 ………………………… 144
量子テレポーテーション ……… 4, 139
量子ビット ……………………… 2, 67
量子非破壊測定 …………………… 107
量子もつれ ……………………… 2, 4, 123
量子もつれ光子 ……………………… 4
量子もつれ状態 ………………… 63, 125
量子もつれスワッピング ………… 144
量子力学 ……………………………… 1
励起子 ……………………………… 134
励起子分子 ………………………… 134
零点振動 …………………………… 28
零点ゆらぎ ……………………… 28, 50
ロバートソンの不等式 …………… 28

MEMO

著者紹介

枝松圭一（えだまつ　けいいち）

1987 年	東北大学大学院理学研究科博士課程修了，理学博士
1987 年	東北大学工学部　助手
1994 年	California Institute of Technology　客員研究員
1998 年	東北大学大学院工学研究科　助教授
1998 年	大阪大学大学院基礎工学研究科　助教授
2003 年	東北大学電気通信研究所　教授

専　門　量子光学，量子情報，光物性物理学
著　書　「グラフィック・プロセッサ Gp のすべて」共著（山海堂，1993）
　　　　「量子力学基礎」共著（朝倉書店，2007）
　　　　「フォトニクス基礎」共著（朝倉書店，2009）
趣　味　ミクロの世界から身近な動植物，科学芸術，そして天文・宇宙まで，種々雑多なことに興味をもつ
受賞歴　2009 年　第 31 回応用物理学会論文賞「解説論文賞」
　　　　2015 年　第 19 回（平成 27 年度）松尾財団宅間宏記念学術賞

基本法則から読み解く 物理学最前線 19

単一光子と量子もつれ光子
量子光学と量子光技術の基礎

Single photons and entangled photons
–fundamentals of quantum optics
and technology–

2018 年 6 月 30 日　初版 1 刷発行
2023 年 9 月 10 日　初版 3 刷発行

著　者　枝松圭一 © 2018
監　修　須藤彰三
　　　　岡　真
発行者　南條光章
発行所　共立出版株式会社
　　　　東京都文京区小日向 4-6-19
　　　　電話　03-3947-2511（代表）
　　　　郵便番号　112-0006
　　　　振替口座　00110-2-57035
　　　　URL www.kyoritsu-pub.co.jp

印　刷
製　本　藤原印刷

検印廃止
NDC 425.1, 549, 421.3
ISBN 978-4-320-03539-3

一般社団法人
自然科学書協会
会員

Printed in Japan

JCOPY ＜出版者著作権管理機構委託出版物＞
本書の無断複製は著作権法上での例外を除き禁じられています．複製される場合は，そのつど事前に，出版者著作権管理機構（TEL：03-5244-5088，FAX：03-5244-5089，e-mail：info@jcopy.or.jp）の許諾を得てください．

■物理学関連書

www.kyoritsu-pub.co.jp　共立出版

- カラー図解 物理学事典……………………杉原 亮他訳
- ケンブリッジ 物理公式ハンドブック………堤 正義訳
- 現代物理学が描く宇宙論……………………真貝寿明著
- 基礎と演習 大学生の物理入門………………高橋正雄著
- 大学新入生のための物理入門 第2版…………廣岡秀明著
- 楽しみながら学ぶ物理入門……………………山﨑耕造著
- これならわかる物理学…………………………大塚徳勝著
- 薬学生のための物理入門 薬学準備教育ガイドライン準拠…廣岡秀明著
- 詳解 物理学演習 上・下………………………後藤憲一他共編
- 物理学基礎実験 第2版新訂……………………宇田川眞行他編
- 独習独解 物理で使う数学 完全版………………井川俊彦訳
- 物理数学講義 複素関数とその応用……………近藤慶一著
- 物理数学 量子力学のためのフーリエ解析・特殊関数……柴田尚和他著
- 理工系のための関数論…………………………上江洌達也他著
- 工学系学生のための数学物理学演習 増補版……橋爪秀利著
- 詳解 物理応用数学演習………………………後藤憲一他共編
- 演習形式で学ぶ 特殊関数・積分変換入門……蓬田 清著
- 解析力学講義 古典力学を越えて………………近藤慶一著
- 力学 (物理の第一歩)……………………………下村 裕著
- 大学新入生のための力学………………………西浦宏幸他著
- ファンダメンタル物理学 力学…………………笠松健一他著
- 演習で理解する基礎物理学 力学………………御法川幸雄他著
- 工科系の物理学基礎 質点・剛体・連続体の力学…佐々木一夫他著
- 基礎から学べる工系の力学……………………廣岡秀明著
- 基礎と演習 理工系の力学………………………高橋正雄著
- 講義と演習 理工系基礎力学……………………高橋正雄著
- 詳解 力学演習……………………………………後藤憲一他共編
- 力学 講義ノート…………………………………岡田静雄他著
- 振動・波動 講義ノート…………………………岡田静雄他著
- 電磁気学 講義ノート……………………………高木 淳他著
- 大学生のための電磁気学演習…………………沼居貴陽著
- プログレッシブ電磁気学 マクスウェル方程式からの展開…水田智史著
- ファンダメンタル物理学 電磁気・熱・波動 第2版…新užen毅人他著
- 演習で理解する基礎物理学 電磁気学…………御法川幸雄他著

- 基礎と演習 理工系の電磁気学…………………高橋正雄著
- 楽しみながら学ぶ電磁気学入門………………山﨑耕造著
- 入門 工系の電磁気学……………………………西浦宏幸他著
- 詳解 電磁気学演習………………………………後藤憲一他共編
- 明解 熱力学………………………………………糸井千岳他著
- 熱力学入門 (物理学入門S)……………………佐々真一著
- 英語と日本語で学ぶ熱力学………………R.Micheletto他著
- 現代の熱力学……………………………………白井光雲著
- 生体分子の統計力学入門 タンパク質の動きを理解するために…藤崎弘士他訳
- 新装版 統計力学…………………………………久保亮五著
- 複雑系フォトニクス レーザカオスの同期と光情報科学への応用…内田淳史著
- 光学入門 (物理学入門S)………………………青木貞雄著
- 復刊 レンズ設計法………………………………松居吉哉著
- 教養としての量子物理学………………………占部伸二訳
- 量子の不可解な偶然 非局所性の本質と量子情報科学への応用…木村 元訳
- 量子コンピュータによる機械学習……………大関真之監訳
- 量子力学講義 I・II………………………………近藤慶一著
- 解きながら学ぶ量子力学………………………武藤哲也著
- 大学生のための量子力学演習…………………沼居貴陽著
- 量子力学基礎……………………………………松居哲生著
- 量子力学の基礎…………………………………北野正雄著
- 復刊 量子統計力学………………………………伏見康治編
- 詳解 理論応用量子力学演習……………………後藤憲一他共編
- 復刊 相対論 第2版………………………………平川浩正著
- Q&A放射線物理 改訂2版………………………大塚徳勝他著
- 量子散乱理論への招待 フェムトの世界を見る物理…緒方一介著
- 大学生の固体物理入門…………………………小泉義晴監修
- 固体物性の基礎…………………………………沼居貴陽著
- 材料物性の基礎…………………………………沼居貴陽著
- やさしい電子回折と初等結晶学 改訂新版……田中通義他著
- 物質からの回折と結像 透過電子顕微鏡法の基礎…今野豊彦著
- 物質の対称性と群論……………………………今野豊彦著
- 社会物理学 モデルでひもとく社会の構造とダイナミクス…小田垣 孝著
- 超音波工学………………………………………荻 博次著